Monographien zur Chemischen Apparatur
Herausgegeben von Dr. A. J. Kieser
Heft 1

Die Schaumabscheider
als Konstruktionsteile chemischer Apparate
Ihre Bauart, Arbeitsweise und Wirkung

Von

Hugo Schröder
Grimma

Mit 86 Abbildungen

(Sonderdruck aus „Chemische Apparatur" 1917/18)

Springer-Verlag Berlin Heidelberg GmbH 1918

ISBN 978-3-662-33655-7   ISBN 978-3-662-34053-0 (eBook)
DOI 10.1007/978-3-662-34053-0

Inhaltsverzeichnis.

I. Allgemeines.

An der Oberfläche verdampfender Flüssigkeiten geht je nach den obwaltenden Verhältnissen die Trennung der entwickelten Dampfblasen von der Flüssigkeit stets mehr oder weniger unvollkommen vor sich, d. h. die Dampfmassen führen kleinere oder größere Mengen der Flüssigkeit mit sich fort, teils in Gestalt von Schaum, teils in Form von Tropfen oder eines Gemisches von beiden. Diese Flüssigkeitsgebilde befinden sich im Dampfe meist in derart fein verteiltem Zustande, daß sie vom aufsteigenden Dampfstrome mühelos entführt und selbst durch eigens dafür angeordnete Vorrichtungen nur schwer zurückgehalten werden können.

Besonders bei Verdampfapparaten bildet diese Tatsache nicht selten die Quelle beträchtlicher Verluste an Flüssigkeit aus den Apparaten, die man vermeiden möchte; sei es, um einen wertvollen, konzentrierten Eindampfrückstand möglichst einbußelos zu gewinnen, sei es, um den entwickelten Dampf (meist Wasserdampf) nach erfolgter Niederschlagung als Flüssigkeit in hohem Maße frei von den ursprünglichen Beimengungen darzustellen.

Mit welchem Erfolge oder welchem Grade von Vollkommenheit der Dampf von den Flüssigkeitsteilchen zu befreien ist, hängt einerseits von den Eigenschaften der Flüssigkeit (ihrer Neigung zur Schaumbildung) und, in Verbindung damit, von ihrem relativen Gehalt an gelösten Stoffen ab, deren Mitüberreißen verhindert werden soll, andererseits aber spielen dabei auch die Temperatur der Flüssigkeit, der Druck, unter dem die Verdampfung stattfindet, die Verdampfungsgeschwindigkeit sowie die Bauart und die Abmessungen der Apparate eine nicht unwesentliche Rolle, welch letzterer Umstand bei deren Erbauung wohl zu beachten sein wird. Eine absolute Wirkung dürfte indessen, wie bei allen anderen in Frage kommenden mechanischen bzw. physikalischen und chemischen Prozessen, selbst unter Anwendung besonderer Vorrichtungen, nicht erreichbar sein, und wir müssen uns deshalb auch hier damit begnügen, eine dem idealen Zustande möglichst nahe kommende Wirkung zu erzielen.

Diejenigen Flüssigkeitsmengen, die unter begünstigenden Bedingungen vom Dampfstrome entführt werden können, mögen zuweilen recht beträchtlich sein, insbesondere wenn es sich um stark schaumbildende Flüssigkeiten handelt. Unter solchenUmständen kann der aufsteigendeDampfstrom vorübergehend bis zu 10, ja bis zu 20%, gewöhnlich aber weit mehr der Flüssigkeit enthalten, aus der er gebildet wurde. Es ist deshalb selbstverständlich, daß man diesen Verlusten in Verdampfapparaten durch den Einbau besonderer, das Übersteigen der Flüssigkeit verhindernder Vorrichtungen zu begegnen versucht hat, die unter den Bezeichnungen: Schaumabscheider, Schaumbrecher, Schaumdämpfer, Saftfänger (in der Zuckerindustrie), Übersteiger, Dampfentwässerer, Dampftrockner, Dampfseparator, Flüssigkeits- oder Wasserabscheider usw. bekannt geworden sind.

So zahlreich wie die für diese Schaumbeseitigungs- oder zerstörungsvorrichtungen der Verdampfapparate gewählten Bezeichnungen sind auch die vorgeschlagenen und zur Anwendung gekommenen Bauarten derselben, die das vorgeschriebene Ziel teils mehr, teils weniger zufriedenstellend erreichen. Und man kann in der Praxis sowohl Vorrichtungen von sinnreicher Bauart und sehr befriedigender Wirkung als auch solche antreffen, die trotz ihres nicht unbedeutenden Energieverbrauches als Muster der Wirkungslosigkeit zu gelten vermögen. Trotz der Bedeutung aber, die diesen Einrichtungen bei der überaus weiten Verbreitung der Verdampfapparate für kleine und große Leistungen zukommt, findet man in der Literatur merkwürdigerweise nur gelegentliche, oberflächliche Hinweise auf dieselben.

So schreibt A. Parnicke in seinem Werk: „Die maschinellen Hilfsmittel der chemischen Technik"[1], daß von Saftfängern und Schaumabscheidern jede Fabrik ihre Spezialkonstruktionen habe. Nachdem dann der Zweck und die Notwendigkeit der Schaumabscheider kurz begründet worden ist, wird ein auch schon in der Zeitschrift „Chemische Apparatur"[2] erwähnter Schaumabscheider (D. R. P. 70 022) dargestellt und mit einigen Worten erläutert.

In der „Maschinenkunde für Chemiker"[3], findet überhaupt keine Erwähnung derselben statt, sondern man verweist in diesem Buche betreffend Schaumbildung und -zer-

---

[1] A. Parnicke, Die maschinellen Hilfsmittel der chemischen Technik, 3. Aufl. Leipzig 1905, M. Heinsius Nachf.

[2] Hugo Schröder, Der Entwickelungsgang der Verdampfapparate. Chem. Apparatur **2**, 91 (1915).

[3] Albrecht v. Ihering, Maschinenkunde für Chemiker, Bd. III des Handbuchs der angewandten physikalischen Chemie. Leipzig 1906, Johann Ambrosius Barth.

störung beim Verdampfprozeß lediglich auf die sogenannten
Luft- oder Butterhähne, die dazu benutzt werden, „um
in die trichterförmige Gestalt des Hahnes etwas Fett, Butter
oder dergleichen einzufüllen. Nach Öffnen des Hahnes
drückt der äußere Luftdruck[4]) das Fett in das Innere des
Körpers. Hierdurch erreicht man, wenn die Füllmasse stark
schäumt und so die Beobachtung der inneren Vorgänge sehr
erschwert oder fast unmöglich gemacht wird, daß die schäumende und wallende Oberfläche der Füllmasse vollständig
geglättet wird", ein Verfahren, das an sich und zumal in der
gegenwärtigen Kriegszeit jedoch zur Schaumzerstörung
wenig empfehlenswert erscheint.

Etwas eingehender verbreitet sich K. Abraham[5]) über
die Saftfänger, wenigstens macht er einige Vorschläge für
deren konstruktive Ausführung. In dem Buche: „Verdampfen, Kondensieren und Kühlen"[6]) findet sich allerdings eine
etwas umfangreichere Behandlung des Druckes, den Dampf-
und Luftströme auf freischwebende Wassertropfen ausüben,
sowie des Emporschleuderns der Massen aus verdampfenden
Flüssigkeiten, auch die Wirkungsweise des oben erwähnten
Schaumscheiders nach D. R. P. 70022 wird erläutert und
Grundlagen für die Bestimmung der Abmessungen desselben
gegeben. Aber auch diese Darstellung trägt einesteils einen
mehr hypothetischen Charakter, um so mehr, als sie auf
Versuchsergebnisse aufgebaut ist, die den in Verdampfapparaten vorliegenden Umständen nicht Rechnung tragen,
und im übrigen geht sie nicht auf die in der Praxis angewandten zahlreichen Bauarten, welche dem Konstrukteur
Anregungen zu neuen Gedanken in konkreten Fällen zu
geben vermögen, ein.

Schließlich wären noch die im „Handbuch der Zuckerfabrikation"[7]) zur Sache gemachten Betrachtungen anzu-
führen. In diesem Werke findet sich (in Verbindung mit
einer Mehrkörper-Verdampfanlage) eine Darstellung des Prinzipes eines Schaumabscheiders, wie ihn Abb. 1 zeigt, wozu
der Verfasser bemerkt, daß der Abscheider „in dieser Form
gewöhnlich Übersteiger genannt wird, sowie im wesentlichen

---

[4]) Bei Vakuumverdampfern.
[5]) Karl Abraham, Die Dampfwirtschaft in der Zuckerfabrik,
2. Aufl. Magdeburg 1912, Schallehn & Wollbrück.
[6]) E. Hausbrand, Verdampfen, Kondensieren und Kühlen, 4. Aufl.
Berlin 1909, Julius Springer.
[7]) Stohmann-Schander, Handbuch der Zuckerfabrikation,
5. Aufl. Berlin 1912, Paul Parey.

aus einem zylindrischen Gefäß besteht, dessen Durchmesser mindestens dreimal so groß als der des Brüdenrohres genommen werden sollte, um hier dem Dampfe eine geringere Geschwindigkeit zu geben und dadurch die Abscheidung der in feinen Nebeln noch im Dampfe enthaltenen Saftmasse zu begünstigen. Das in den Übersteiger hineinragende Abzugsrohr ist mit einer Blechkappe überspannt, so daß der Dampf, der oben eintritt, seinen Weg um die Kappe herum nehmen muß, ehe er in die Heizkammer des nächsten Körpers eintreten kann".

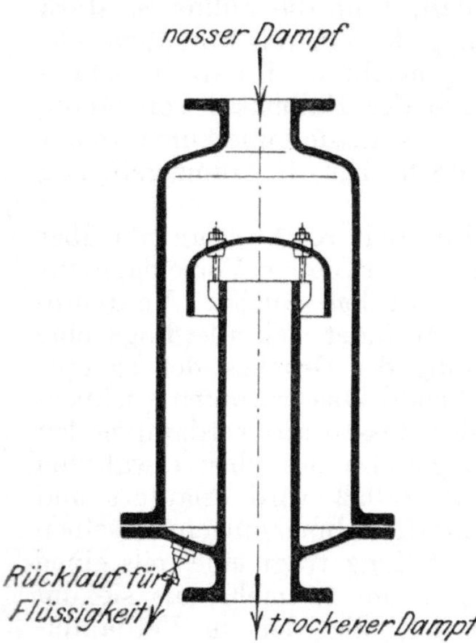

Abb. 1. Schaumabscheider, sogen. Übersteiger.

„Die auf die Oberfläche (der Kappe) aufprallenden Saftteilchen fließen an der äußeren Wandung des Saftfängers herab, sammeln sich in dem Raume, welcher zwischen seiner Innenwand und der Außenwand des Abzugsrohres liegt, und werden, sobald eine gewisse Menge Saft sich hier angesammelt hat, was man an dem an der vorderen Seite des Saftfängers angebrachten Saftstandglas erkennt, durch ein am Boden befindliches und mit einem Ventil verschließbares Rohr in den Saftraum des vorhergehenden Körpers abgelassen. Dieses Ventil hat nur den Zweck, dem Arbeiter anzuzeigen, ob eine größere Menge Saft in einer bestimmten Zeit übergerissen worden ist, gewöhnlich wird das Ventil offen bleiben. Das Rückflußrohr wird bis auf den Boden des Verdampfapparates hinabgeführt."

Nachdem noch der von dem Österreicher Hodek angeblich 1868 vorgeschlagene Saftfänger, auf den wir später noch zurückkommen, besprochen worden ist, folgt, wie auch an anderen Stellen der Literatur, eine Beschreibung des schon erwähnten Schaumabscheiders (D. R. P.). Über die effektive Wirkung der Schaumabscheider von Verdampfapparaten, ihren Energieverbrauch usw. sind jedoch m. W.

Mitteilungen von Versuchsergebnissen seither an keiner Stelle erfolgt.

Nach der so umschriebenen Sachlage mag demnach der Ausspruch Parnickes, jede Apparatebauanstalt habe in Schaumbrechern ihre eigene Bauart, einen hohen Grad von Wahrscheinlichkeit für sich beanspruchen. Es lag somit auch der Gedanke nahe, daß bei der Verschiedenheit der angewandten, zahlreichen Bauarten von Verdampfapparaten und Schaumabscheidern die Forderung, einen möglichst trockenen Dampf zu erzeugen bzw. zu liefern, auch sehr unterchiedlich erfüllt werden würde. Für diese Annahme fand der Verfasser volle Bestätigung, als er zur Untersuchung verschiedener im Betrieb befindlicher Anlagen schritt. Einige der besichtigten Anlagen arbeiteten überhaupt ohne besondere Schaumzerstörungseinrichtung, während die eingebauten Vorrichtungen anderer Apparate ihre Aufgabe mit mehr oder weniger gutem Erfolg erfüllten.

Beispielsweise waren die drei Verdampfer mit je etwa 32 qm Heizfläche einer Dreikörper-Verbund-Vakuum-Verdampfanlage aus Kupfer, die mit einem barometrisch wirkenden Gegenstrom-Kataraktkondensator arbeitete, im Oberteil der stehenden Verdampfkörper bzw. deren Brüdenaustrittsstutzen mit einem Schaumabscheider nach Abb. 2 ausgestattet.

Im Innern der stehenden Verdampfer befindet sich am Brüdenstutzen a der zylindrische Ansatz b, über welchen die nach oben gekehrte Glocke c greift. Letztere trägt das Rückflußrohr d, das mit dem unteren Ende in die verdampfende Flüssigkeit eintaucht. Die Vorrichtung soll derart wirken, daß der im Apparat aufsteigende, mit Flüssigkeitsteilen durchsetzte Dampf, sich abwärts bewegend, den ringförmigen Raum zwischen b und c mit beschleunigter Geschwindigkeit durchströmen muß. Hierbei soll die mitgerissene Flüssigkeit auf die Innenfläche der Glocke c geschleudert und durch das Rohr a wieder zurückgeführt werden, während der (getrocknete) Dampf durch a entweicht.

In den Apparaten wurde eine glycerinhaltige, der salzhaltigen Unterlauge der Seifenfabriken ähnliche Flüssigkeit eingedickt. Alle drei Verdampfer schäumten stark, und es wurden dauernd nicht unerhebliche Mengen der wertvollen Flüssigkeit mit dem Brüdendampf übergerissen. Besonders trat diese Erscheinung bei dem dritten, unter höchster Luftleere stehenden Apparat auf. Die hier entstehenden Verluste waren so groß, daß sogar das dem Fallwasserrohr des Kondensators entströmende Kühlwasser an der Oberfläche in der Sammelgrube beträchtliche Schaumbildung zeigte.

In einem anderen Falle dampfte man in einem schmiedeeisernen Einkörper-Vakuumapparat mit etwa 25 qm Heizfläche Sulfitablauge der Zellstoffabrikation ein, dessen Schaumabscheider Abb. 3 veranschaulicht. Im Oberteil des stehenden Verdampfkörpers I bzw. im Brüdenraume desselben ist der konische, in der Mitte mit einer Öffnung versehene Prellboden II eingebaut, den der Teller III überdeckt. Der mit Schaumteilen beladene Brüdendampf soll die konzentrische Öffnung im Prellboden II passieren, erfährt darauf unter gleichzeitiger Beschleunigung einen Richtungswechsel, wodurch die mitgerissene flüssige Substanz auf die Wandungen des Körpers I treffen und der getrocknete Brüdendampf durch IV entweichen kann. Weil der äußere Durchmesser des Prellbodens II etwas kleiner gehalten worden ist als derjenige des Verdampferkörpers I, so können die ausgeschiedenen Flüssigkeitsanteile, an der Innenwand des letzteren herabrieselnd, wieder in den Flüssigkeitsraum zurückgelangen. Dieser Verdampfapparat arbeitete ebenfalls in Verbindung mit einem barometrischen Kondensator, dessen erwärmtes Abflußwasser auf ein Rückkühlwerk zwecks wiederholter Verwendung gepumpt wurde. Die Schaumfangeinrichtung dieses Verdampfers arbeitete, wie die Einrichtung nach Abb. 1, gleichfalls äußerst mangelhaft, so daß das über der Rückkühlanlage im Kreislauf befindliche Kühlwasser, trotzdem es ständig durch das aus dem Brüdendampf entwickelte Kondensat stark verdünnt wurde, die typische Färbung der dünnen Lauge angenommen hatte.

Schon diese beiden Fälle dürften genügen, um die Schaumabscheider als wunden Punkt vieler Verdampfanlagen zu charakterisieren, und so sei dahingestellt, ob die im allgemeinen im Apparatebau für die chemische Industrie mehr als auf anderen Gebieten des Maschinenbaues beliebte Geheimhaltung der Konstruktionseinzelheiten auch in bezug auf die Schaumabscheider ausschließlich der Benutzung der eignen Bauart durch andere entgegenwirken soll, oder ob sie mehr noch der „Geheimhaltung" der in bezug auf die zu erwartende Wirkung bestehenden Unsicherheit einzelner Konstrukteure zu dienen ausersehen ist.

Daß eine solche Unsicherheit bezüglich der Schaumab-

scheidung zweifellos vorherrscht, werden wir noch später bei
der vergleichenden Betrachtung der auffallend unterschied-
lichen Abmessungen, die die Konstrukteure sowohl bei
Verdampfern als auch bei Schaumabscheidern zur Erzeugung
eines von Flüssigkeitsteilen möglichst freien Brüdendampfes
anwenden, festzustellen Gelegenheit haben. Für das Vorhandensein großer Unsicherheit auf diesem Gebiete spricht
auch weiter noch der Umstand, daß bei Ausführung neuer
Verdampfanlagen in den Kaufverträgen unter Leistungs-

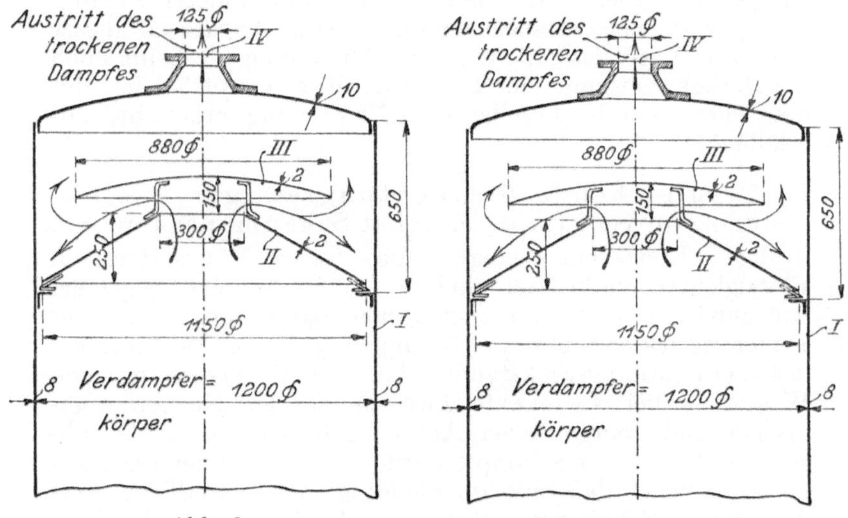

Abb. 3.   Abb. 3.
Mangelhaft wirkende Schaumabscheider in Verdampfapparaten.

garantien durchweg in der Hauptsache nur vom Dampfverbrauch und der Verdampfleistung die Rede ist. Von einer
Gewährleistung für den Umfang des Mitreißens der Flüssigkeit bei normalem Betriebe und das Maß der dadurch bedingten Verluste ist dem Verfasser nur in seltenen Fällen
etwas bekannt geworden, trotzdem doch die Wichtigkeit
dieses Punktes, wenn man sich vor Enttäuschungen be-
wahren will, aus den zu den Abbildungen 2 und 3 gegebenen
Hinweisen zur Genüge hervorgeht.

Jedenfalls mag nach Lage der Dinge der Wunsch, durch
eine etwas eingehendere vergleichende Darstellung oft be-
nutzter Bauarten von Abscheidern in ihre Arbeitsweise und
effektive Wirkung einen tieferen Einblick zu gewinnen, viel-

seitigen Interessen begegnen. Und es soll durch die nachfolgenden Ausführungen diesem offenbar vorhandenen Be-
dürfnisse zu entsprechen versucht werden. Hauptsächlich
wollen wir dieses Ziel anstreben durch die Wiedergabe einiger
in der Praxis angewandter Ausführungen solcher Apparate;
ferner durch Vorschläge für eine günstige Anordnung von
Abscheidern an Verdampfapparaten, durch Erörterung der
in Frage kommenden Verhältnisse für die Wahl empfehlens-
werter Abmessungen derselben und endlich durch Mitteilung
einiger in eigner Praxis gewonnener und anderer zugänglich gewordener Versuchsergebnisse mit Apparaten dieser
Art. Zur Vervollständigung der Abhandlung erscheint auch
die Berücksichtigung der Patentliteratur, hauptsächlich der
deutschen, soweit dieselbe hier Erwähnung erheischt, unerläßlich.

II. Vergleichende Betrachtung einiger Ausführungen von Verdampfern nebst Schaumabscheidern.

Dem Bestreben, bezüglich des festen Rückstandes in
Flüssigkeiten verlustfrei eindampfen zu können, begegnen
wir zunächst schon im chemischen Laboratorium bei der
Isolierung fester Stoffe aus Lösungen, z. B. der Bestimmung
des Verdampfungsrückstandes bei der Untersuchung von
Wasser, wobei die exakte Feststellung der Mengen organischer und anorganischer Anteile gefordert wird, also ab-
solut verlustfrei eingedampft werden muß. Von der Erkenntnis ausgehend, daß eine im Siedezustande befindliche, verdampfende Flüssigkeit selbst unter Beobachtung aller Vor-
sichtsmaßregeln niemals einen von flüssigen Anteilen freien
Dampf zu entwickeln vermag, dampft man bei diesen Untersuchungen zur Gewinnung einwandfreier Ergebnisse im
Wasserbade ein, d. h. man verdunstet die zu untersuchende
Flüssigkeit bei unter ihrer Siedegrenze gelegenen Wärmegraden, um ein Verspritzen derselben zu vermeiden. Ein
in bezug auf den Erfolg wohl ideales, aber allerdings sehr
zeitraubendes Verfahren, das naturgemäß für die unendlich
viel größeren Verhältnisse der Praxis nicht in Frage kommen
kann, so daß also die Lösung der Aufgabe in anderer Weise
angestrebt werden muß.

Die physikalische Erscheinung der Dampfnässe war auch
den Apparatekonstrukteuren bereits frühzeitig bekannt, und
wir begegnen dem Versuch, derselben entgegenzuwirken,
schon zu einer Zeit, als sich der Bau der heutigen, dampf-

beheizten Abdampfapparate noch im Entwicklungszustande befand, besonders jedoch nach Einführung der Vakuumverdampfung. Schon Péclet weiß uns in seinem Werke: „Handbuch über die Wärme und ihre Anwendung in den Künsten und Gewerben" (übersetzt und erweitert von Dr. C. Hartmann 1860) Wissenswertes zur Sache zu berichten. So beschreibt er einen von Pequeur im Jahre 1848 vorgeschlagenen, durch Abb. 4 wiedergegebenen Mehrstufen-Verdampfapparat, der auch in der „Chemischen Apparatur"[8]

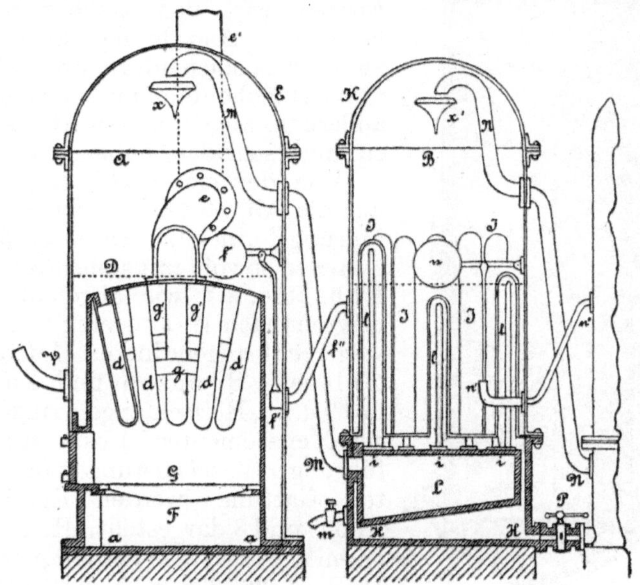

Abb. 4. Verdampfer nach Pequeur.

bereits Erwähnung fand. In seiner Beschreibung des Apparates, vorgeschlagen zum Eindampfen von Zuckersäften bei vermindertem Dampfdruck, erklärt Péclet betreffend der Schaumabscheidung: „Damit Flocken von der in dem Generator A und in dem Kondensator B (Abb. 4) siedenden Flüssigkeit nicht von dem Dampfe in die Röhren M und N usw. mit fortgerissen werden, sind unter den Öffnungen dieser Röhren trichterförmige Gefäße mit abgerundeten Rändern x, x' . . . angebracht." Die mit der weiten Öffnung nach oben gerichteten Trichter x, x' sollen also die auf-

---

[8]) Chem. Apparatur **2**, 90 (1915).

steigenden Flüssigkeitsteile gegen die Hauben E und K lenken und nur dem trockenen Dampf den Eintritt in die Röhren M und N ... freigeben.

Daß auch die Bauart der Verdampfer selbst das Mitreißen der Flüssigkeit mehr oder weniger begünstigen kann, ist schon eingangs bemerkt worden. Wenn wir daraufhin zunächst die in der Gegenwart üblichen Verdampfapparate einer kritischen Betrachtung unterziehen, so werden wir, von stehender oder liegender Anordnung abgesehen, zwischen solchen mit im Flüssigkeitsraum eingebautem und solchen mit außerhalb angeordnetem Heizkörper zu unterscheiden haben.

Von der ersten Gattung zeigen uns die Abb. 5 und 6 typische Ausführungsformen [9]). Diese Apparate gelangen sowohl mit stehenden (nach Robert u. a.), wie abgebildet, geneigten (nach Witkowicz u. a.) und wagerecht angeordneten Heizröhren (Jelinek, Swenson und Zaremba [10]) u. a.), Heizschlangen, ringförmigen Heizelementen [11]) usw. zur Ausführung. Verkörperungen der zweiten Gattung werden durch die Abb. 7 und 8 dargestellt. Hierher gehören z. B. auch die Verdampfer nach D. R. P. 265 676 u. a. 281720 [12]).

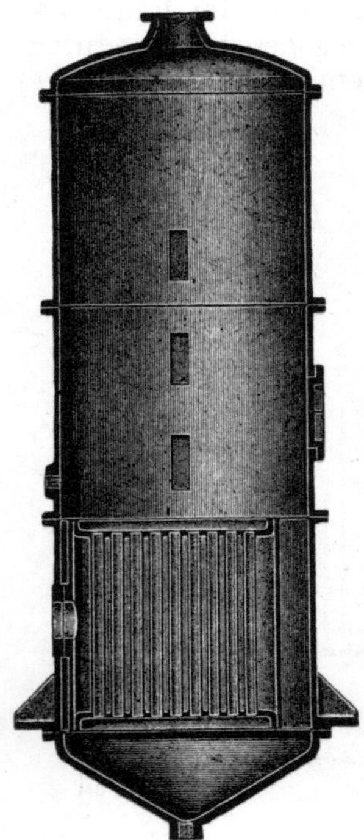

Abb. 5. Verdampfer mit eingebautem Heizkörper.

Das Charakteristische jeder Gattung in bezug auf die Dampfentwicklung besteht darin, daß im ersten Falle den Dampfblasen schon in statu nascendi eine aufwärts gerichtete, die Schaumbildung und das Mitreißen von Flüssigkeit begünstigende Bewegung erteilt wird, während man im zweiten Falle dem Verdampferkörper aus seitlich horizontal oder vertikal angeordnetem Heizkörper das Dampf- und Flüssigkeitsgemisch in wagerechter Richtung über dem Flüssig-

<hr>

[9]) Vgl. Chem. Apparatur 2, 118 u. 294 (1915).
[10]) Ebenda S. 294, Abb. 3, 4 u. 5.
[11]) Ebenda S. 117, Abb. 17 u. 18.
[12]) Ebenda S. 121, Abb. 5.

keitsspiegel zuführt, und zwar meist mit einer Strömungsgeschwindigkeit, die die Flüssigkeit unter Befreiung vom
Dampf auf die gegenüberliegende Wand des Verdampferkörpers schleudert. Aber auch selbst bei geringeren Geschwindigkeiten wird die Flüssigkeit beim Eintritt in den Verdampferkörper infolge ihrer Schwere dem Boden zustreben, während
der Dampf im Brüdenraum aufsteigt. Eine direkt schaum-
zerstörende bzw. abscheidende Wirkung darf man demnach
den Verdampfern letzter Gattung wohl nicht absprechen.

Der bei den zur ersten Gattung gehörigen, viel angewandten Verdampfern zutage getretene Übelstand hat denn
auch manche Konstrukteure veranlaßt, den Brüdenraum

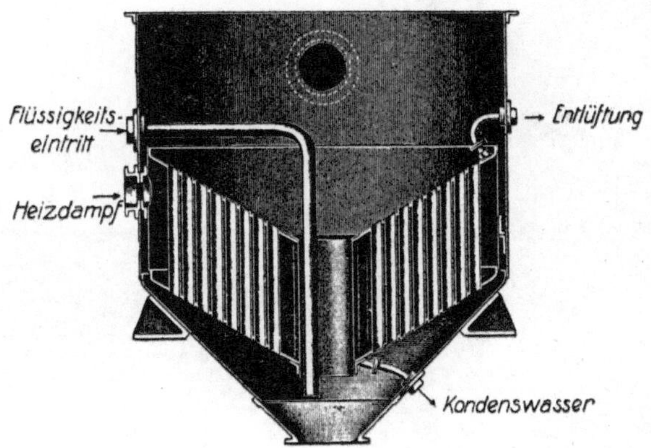

Abb. 6. Verdampfer mit eingebauten Heizkörpern.

dieser Apparate zur Verminderung des Mitreißens entweder
unverhältnismäßig hoch oder in erweiterter Form auszu-
führen, wie dies z. B. aus der Abb. 9 entnommen werden
kann. Ob sich damit jedoch ein durchschlagender Erfolg
wird erzielen lassen, mag dahingestellt sein, uns erscheint
dies nach eigenen Beobachtungen allerdings zweifelhaft,
vorzugsweise dann, wenn leicht schaumentwickelnde Flüssigkeiten zu verarbeiten sind. Stellt man nämlich einen Verdampfapparat in solchem Falle durch Drosselung des Heizdampfes auf eine sehr geringe Leistung ein, so erreicht der
sich aus der Flüssigkeit entwickelnde Schaum bzw. dessen
einzelne Dampfblasen eine derart lange Lebensdauer, daß
sich der ganze Brüdenraum in kurzer Zeit damit anfüllt und
der Schaum in das Brüdenabzugrohr mitgerissen wird. Erst
bei gesteigerter Leistung erreicht die Schaumdecke in den,

den Abb. 5 und 6 ähnlichen Apparaten eine gewisse konstante Höhe, die mit zunehmender Leistung wieder wächst.

Der der Schaumdecke entsteigende Dampfstrom entführt von ihrer Oberfläche sowohl zu größeren und kleineren Teilen vereinigte Schaumblasen als auch aus hochgeschleuderter Flüssigkeit und aus zerplatzten Blasen gebildete Tropfen verschiedenster Größe, herab bis zum feinsten Staub. Ein Teil des Mitgerissenen fällt, besonders an Stellen des

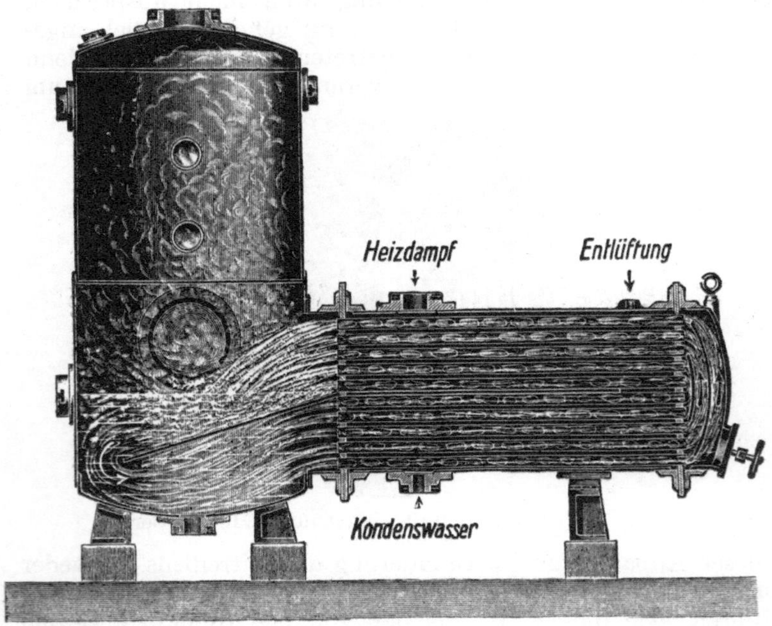

Abb. 7. Verdampfer D. R. P. der Maschinenbau-Akt.-Ges. Golzern-Grimma, mit seitlich angeordneten Heizkörpern.

Brüdenraumes mit geringen Dampfgeschwindigkeiten, wieder in den Saftraum zurück, ein Teil hält der Einwirkung des Dampfstromes zunächst das Gleichgewicht, bis eine Vereinigung mit anderen Teilen zu einem schwereren, zurückfallenden Komplex stattgefunden hat, und einen Teil endlich reißt der Brüdenstrom mit sich fort. Unter Berücksichtigung dieser Verhältnisse wird man sich der Ansicht nicht zu verschließen vermögen, daß eine übermäßige, nicht in den richtigen Grenzen gehaltene Erweiterung des Brüdenraumes, besonders wenn die Dampfgeschwindigkeit dadurch eine un-

zulässige Verminderung erfährt, die Lebensdauer der Schaumblasen begünstigen kann und so das Gegenteil von dem
herbeiführt, was man zu erreichen beabsichtigte.

Die Erweiterung des Brüdenraumes findet denn auch nur
seltener Anwendung, man trifft in der Praxis vielmehr gewöhnlich Verdampfer mit besonderen Schaumabscheideinrichtungen, von denen nachfolgend einige mit den hier
interessierenden Hauptabmessungen wiedergegeben werden

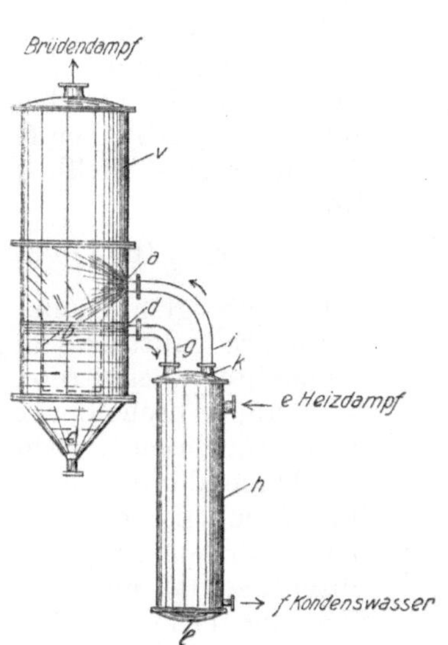

Abb. 8. Verdampfer mit seitlich
angeordnetem Heizkörper.

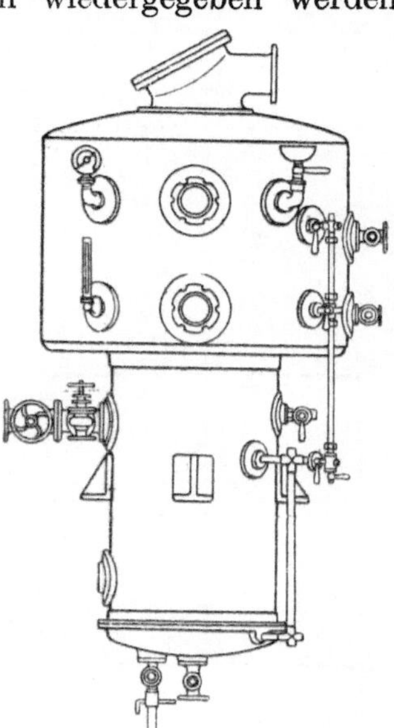

Abb. 9. Verdampfapparat
nach Abb. 5, jedoch mit
erweitertem Brüdenraum.

sollen. Die Abb. 10 zeigt uns zunächst, als zur Gattung der
Verdampfer nach Abb. 5 und 6 gehörig, ein kleines kupfernes
Vakuum einer Extraktfabrik, dessen aus dem Dampfdoppelboden und einer Dampfschlange gebildete Heizfläche etwa
5 qm beträgt. Rechnet man, den wirklichen Verhältnissen
angenähert, eine Dampfentwicklung von 40 kg/st, dann erzeugt der Apparat eine Brüdendampfmenge von 200 kg in
der Stunde. Der Dampf gelangt durch den Dom a und Krümmer b in den Abscheider c, dessen Durchmesser für die Entschaumung von 200 kg Dampf stündlich 500 mm Durchmesser
bei 700 mm zylindrischer Länge (= 1,4faches des Durchmessers) beträgt. Im Innern befindet sich eine Prellscheibe von

400 mm Durchmesser, an welcher die Schaumteile durch die Stoßkraft des Dampfes ausgeschieden werden sollen, worauf sie durch das Rohr *d* in den Extraktraum zurückgelangen. Der getrocknete Dampf entströmt bei *e* nach dem mit durchschnittlich 62,3 cm (Hg) Luftleere arbeitenden Kondensator.

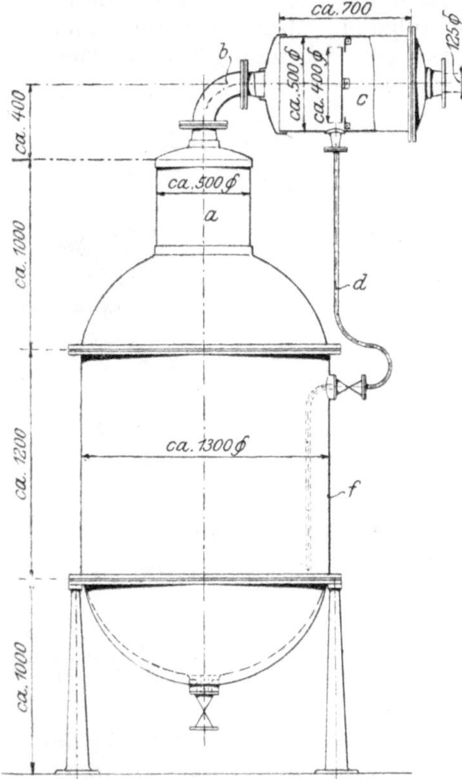

Abb. 10. Kleines kupfernes Vakuum zum Eindampfen von weniger stark schäumenden Extrakten. Heizfläche 5 qm.

Nimmt man an, daß die zylindrische Zarge *f* des Apparates von 1300 mm Durchmesser normalerweise etwa bis zur Hälfte mit Extrakt gefüllt ist, dann mißt die für den Schaum verbleibende Steighöhe einschließlich Dom

$$600 + 1000 = 1600 \text{ mm.}$$

Ein Flüssigkeitsstand, der den Extraktinhalt zu beobachten gestattete, war am Abscheider *c* nicht angebracht, auch der Brüdendampf wurde im Kondensator mit dem Kühlwasser vermischt, so daß man sich über die Wirkungsweise des Abscheiders bzw. über die Verluste durch Mitreißen von Extrakt kein klares Bild verschaffen konnte.

Ein zum Eindicken von Zuckerlösungen, ein dem vorerwähnten Extrakt betr. Schaumbildung ähnliches Produkt, in Gebrauch befindliches kupfernes Raffinade-Vakuum mit 40 qm Heizfläche, das zur Zeit der Besichtigung mit einer Luftleere von 61,12 cm (Hg) Luftleere in Betrieb war, stellt Abb. 11 dar. Diese Anordnung ist im Prinzip derjenigen nach Abb. 10 gleich, nur der Abscheider ist nicht mit einem konzentrischen Prellblech ausgestattet, sondern er enthält deren

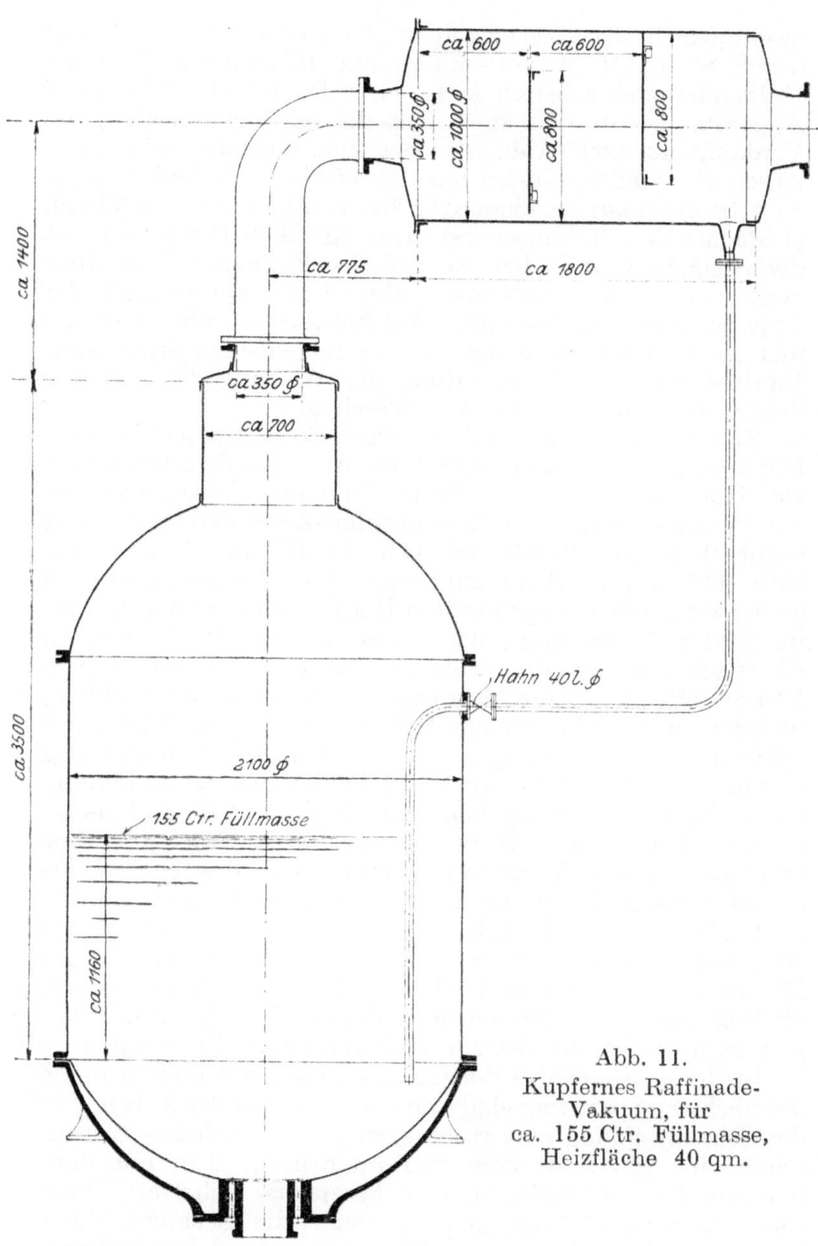

Abb. 11.
Kupfernes Raffinade-
Vakuum, für
ca. 155 Ctr. Füllmasse,
Heizfläche 40 qm.

zwei, jedoch versetzt eingebaut, so daß dieser Abscheider
durch Stoßkraft in Verbindung mit Richtungswechsel des
Brüdendampfes arbeiten kann. Die Dampfentwicklung des
Apparates betrug 1600 kg/st, also die achtfache Leistung des
Verdampfers nach Abb. 10. Der lichte Querschnitt dieses
Abscheiders mißt indessen nur das Vierfache desjenigen nach
Abb. 10, und zwar bei einer zylindrischen Länge von 1800 mm
(1,8faches des Durchmessers). Einschließlich Dampfdom hat
der Steigraum über dem Spiegel der Füllmasse eine Höhe
von 3500—1160 = 2340 mm. Der lichte Querschnitt der
Apparatzarge von 2100 mm Durchmesser ist nur etwa 2,6
mal so groß wie derjenige des voraufgehenden Apparates.
Einrichtungen zur Beobachtung der Wirkung des Abscheiders waren auch hier nicht vorgesehen.

Einen Verdampfer mit innerem, konzentrischem Heizkörper sehen wir weiter noch unter Abb. 12; derselbe gehört
zu einer Dreikörper-Verbund-Vakuum-Verdampfanlage,
die zum Eindicken von Natronsulfat-Zellstoffablaugen mit
durchschnittlich 1,0665 spez. Gew. (9° Bé) auf 1,1247 spez.
Gew. (16° Bé) in Benutzung war. Die Spannung des im
ersten Verdampfer angewandten Heizdampfes betrug 0,36 at,
im letzten Verdampfer, der seinen Brüdendampf in einen
Oberflächenkondensator schickte, wurde eine Luftleere von
62,4 cm (Hg) Luftleere festgestellt. Die Dampfentwicklung
in jedem Körper (je 150 qm Heizfläche) war im Mittel auf
1800 kg/st zu veranschlagen. Jeder der drei Verdampfer trug
oberhalb einen Schaumabscheider in der aus der Abbildung
ersichtlichen Ausführung, von denen keiner mit einem Flüssigkeitsstand zur Erkennung des Inhaltes ausgestattet war. Der
Durchmesser des Verdampferkörpers und des Schaumabscheiders ist nach der Abbildung analog demjenigen der betreffenden Teile nach Abb. 11. Die zylindrische Länge des
Abscheiders beträgt in diesem Falle das 1,5fache seines
Durchmessers, während die lichte Höhe des Brüdenraumes
als Steigraum mit 4700 mm über dem Rohrboden rund doppelt so hoch ist wie der im vorhergehenden Verdampfer.

In dem ersten, also dem in der Druckgefällekette unter
der höchsten Spannung eindampfenden Körper der Anlage war
die Schaumbildung eine recht geringe, im nächsten Körper
schon eine etwas stärkere und im dritten, dem mit dem
Kondensator verbundenen, eine besonders lebhafte. Unter
sonst gleichen Bedingungen ist somit die Schaumbildung
bei höherer Dampfspannung eine geringere und bei niederer,

besonders unter künstlich vermindertem Druck (Vakuum) eine stärkere, d. h. auch der Brüdendampf wird bei höherer Spannung von Schaumteilen freier sein als bei niederer. Diese Erscheinung erklärt sich nicht allein durch das bei niederer Spannung größere Volumen der in der Flüssigkeit aufsteigenden Dampfblasen, sondern auch die Zähflüssigkeit der einzudampfenden Substanz ist hierbei fraglos von Bedeutung; sie ist bei niederer Temperatur, also niederer Spannung, naturgemäß am größten, abgesehen von der die Zähflüssigkeit ebenfalls steigernden Konzentration.

In dieser Beziehung sind Veröffentlichungen von Abraham[5]) von Interesse, welche uns Aufschluß über das Verhalten von Zuckerlösungen verschiedener Dichte bei wechselnder Temperatur geben. Abraham ließ Wasser und Zuckerlösungen bei verschiedenen Wärmegraden und gleichem Druck durch eine Sandschicht bestimmter Körnung hindurchtreten. Die Zeitdauer, in der bei 17,5° C eine be-

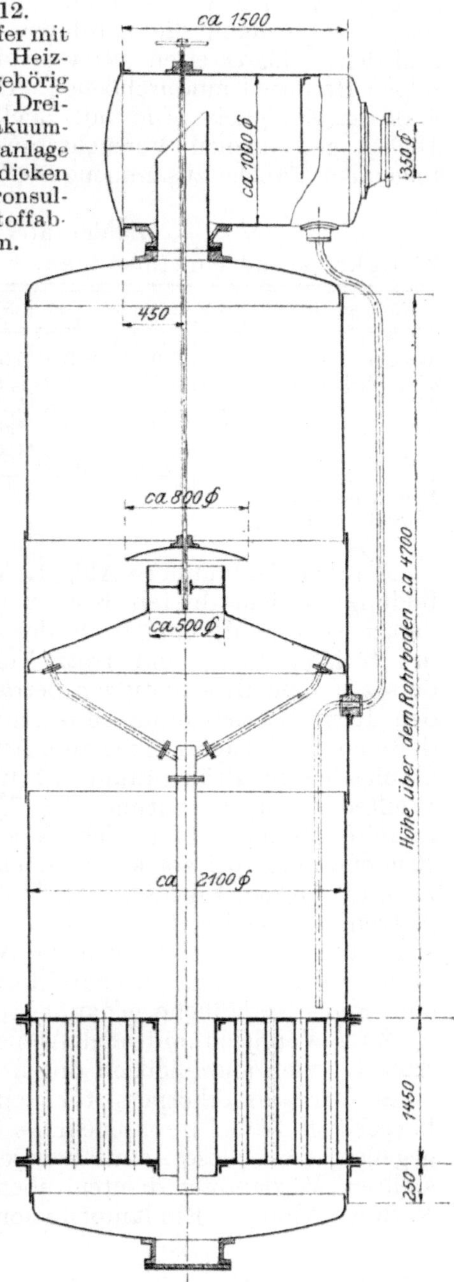

Abb. 12. Verdampfer mit 150 qm Heizfläche, gehörig zu einer Drei-Körper-Vakuum-Verdampfanlage zum Eindicken von Natronsulfat-Zellstoffablaugen.

stimmte Wassermenge hindurchfilterte, wurde gleich 1 gesetzt und alsdann die Zeitdauer beobachtet, in dem verschiedene Flüssigkeiten bei veränderten Wärmegraden denselben Raumteil hindurchließen. Das Zeitverhältnis galt als Maß der Zähigkeit. Die mit Zuckerlösungen verschiedener Dichte gewonnenen Versuchsergebnisse sind in der beifolgenden Tabelle zusammengestellt worden.

Zahlentafel 1.

Zähigkeitsgrad von Lösungen, wenn Wasser bei 17,5° = 1:

Wärmegrade ⁰ C	17,5	25	35	45	50	55	60	65	75	85	98
Wasser	1	0,98	0,96	0,95	0,94	0,93	0,92	0,91	0,89	0,87	0,85
40% Zuckerlösung	1,2	1,17	1,13	1,09	1,07	1,05	1,03	1,01	0,97	0,93	0,9
55 „ „	3	2,5	2,0	1,8	1,7	1,6	1,5	1,4	1,3	1,2	1,1
60 „ „	9	6,7	4,8	3,3	2,6	2,2	1,9	1,7	1,5	1,3	1,16
65 „ „	32	21	12	6,5	4,8	3,7	2,8	2,4	2,0	1,65	1,35
75 „ „	—	—	—	—	—	13	9,9	7,8	4,8	3,0	2,2
Feinsiederestsirup von 61° Brix . .	13	—	—	—	—	—	—	—	—	—	1,4

Bei den Verdampfern Abb. 12 trat übrigens die Schaumbildung in dem dritten Körper der beschriebenen Anlage derart stark auf, daß trotz der außergewöhnlichen Höhe des Brüdenraumes und trotz Vorhandensein des Abscheiders auf dem Brüdenstutzen beträchtliche Mengen Lauge in den Kondensator ununterbrochen übergerissen wurden, so daß man noch nachträglich zum Einbau des zweiten Schaumabscheiders im Brüdenraum mit durch Spindel verstellbarem Prellteller zur Verhütung des Übersteigens von Schaum schreiten mußte. Man sieht also, daß die Erhöhung des Brüdenraumes bei stark schäumenden Flüssigkeiten, wie es z. B. die an den Inkrusten des Holzes und an Salzen reichen Natronsulfat-Zellstofflaugen sind, keinen endgültigen Erfolg sichern kann, und daß auch die Wirkung der durch die Abbildungen 10, 11 und 12 charakterisierten Schaumabscheider eine wenig verläßliche genannt werden muß.

Zum Vergleich mit den Abmessungen des Verdampfers Abb. 12 seien anschließend durch Abb. 13 die Abmessungen eines Verdampferkörpers für seitlich angebrachten Heizkörper (vgl. Abb. 7) von ebenfalls 150 qm Heizfläche wiedergegeben. Drei dieser, ohne den seitlichen Heizkörper dargestellten, Verdampfer dienten, ebenfalls zu einer Dreikörper-Verbund-Vakuum-Eindampfstation vereinigt, zur Eindickung einer Sulfit-Zellstoffablauge von 1,0385 spez. Gew. (5° Bé) auf eine Dichte von 1,2965 (33° Bé). Die kalkhaltige Sulfitablauge verhält sich betreffend Schaumbildung annähernd gleich der vorgenannten Natronsulfatablauge; sie wurde in den Verdampfern nach Abb. 13 auch unter den gleichen Bedingungen eingedampft. Die Dampfentwicklung in jedem Körper stellte sich auf etwa 1800 kg/st durchschnittlich.

Unter dem Einflusse der schon unter Abb. 7 und 8 beschriebenen schaumdämpfenden Wirkung dieser Anordnung konnte in allen drei Verdampfern auch nur eine mäßige Schaumdecke durch die Schaugläser festgestellt werden. Jeder Verdampfer besaß trotzdem einen im Brüdenraum eingebauten, hier nicht dargestellten Schaumabscheider. Klage betreffend Überschäumen der Apparate wurde von seiten der Betriebsleitung nicht geführt.

In den Abb. 12 und 13 sehen wir zwei Bauarten von Verdampfern, welche unter gleichen Verhältnissen gleiche Dampfmengen zu

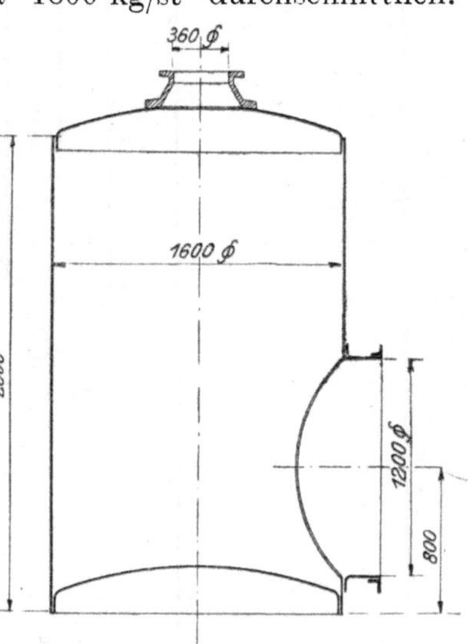

Abb. 13. Kochraum eines Verdampfers mit seitlichem Heizkörper 150 qm Heizfläche.

entwickeln hatten. Der Unterschied in den Größen der Kochräume beider Apparate hat hier trotzdem ziemlich extreme Formen angenommen, wodurch die Überlegenheit der den Abb. 7 und 8 ähnlichen Verdampfertypen, insbesondere derjenigen ohne außen angeordnete Abscheider, recht deutlich hervortritt. Man vergegenwärtige sich nur einmal den wesentlich größeren Raumbedarf der Verdampfer nach Abb. 12 und die mit dem Betrieb derart großer Verdampferkörper nebst angebautem Abscheider verbundene Einbuße an Wärmeenergie, hervorgerufen durch die unvermeidlichen äußeren Verluste. Warum verwendet man in der chemischen Technik solche Wärmeverschwender in Gestalt von Riesen, wenn Zwerge dieselben bzw. bessere Dienste zu verrichten ver-

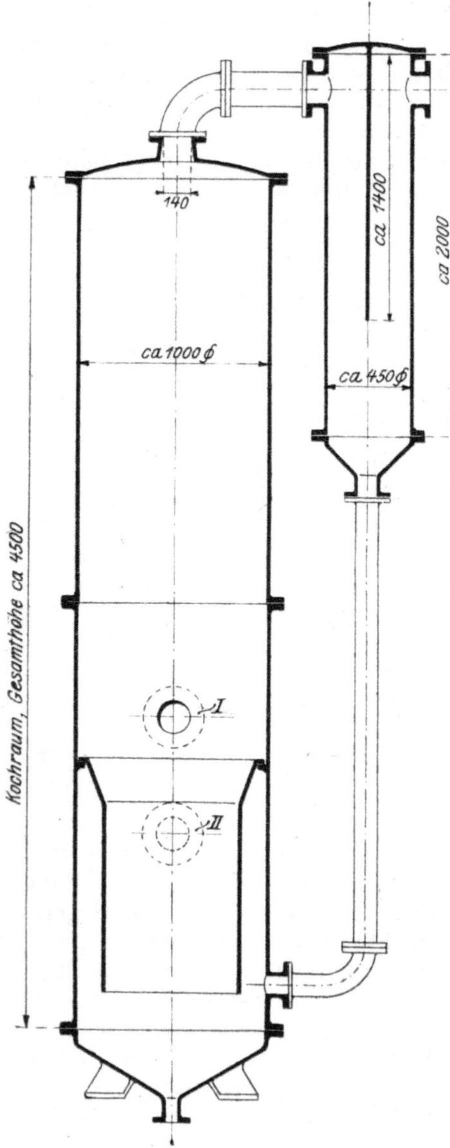

Abb. 14. Vorverdampfer mit seitlich angebrachten Heizkörpern (gemäß Abb. 8) und Schaumabscheider.

mögen? Bei der weiten Verbreitung, welche die aus der Mitte des vorigen Jahrhunderts stammenden Robertverdampfer gefunden haben (und heute noch finden!), eröffnet sich den fortschrittlich denkendenChemikern und Ingenieuren in dieser Richtung gewiß ein sehr fruchtbares Gebiet für ihr Schaffen.

Weiter gelangen wir nunmehr zur Betrachtung der Verdampfer einer zur Eindampfung von Brennerei - Melasse - schlempe, einer wasserreichen Lösung anorganischer Stoffe mit organischen Beimengungen, in Verwendung befindlichen Anlage, bestehend aus drei Vorverdampfern und einem Fertigkocher. Die, wenn aus einem mit Heizkörper ausgestatteten Brennapparat stammende, durchschnittlich eine Dichte von etwa 1,0509 (7° Bé) zeigende Melasseschlempe durchwandert zunächst die in Verbundwirkung arbeitenden drei Vorverdampfer und wird darauf, auf einige 30° Bé konzentriert, in den Fertigkocher übergeführt, der sie auf eine Dichte von etwa 1,4105 (42° Bé) zu bringen hat. Die Heizkammer

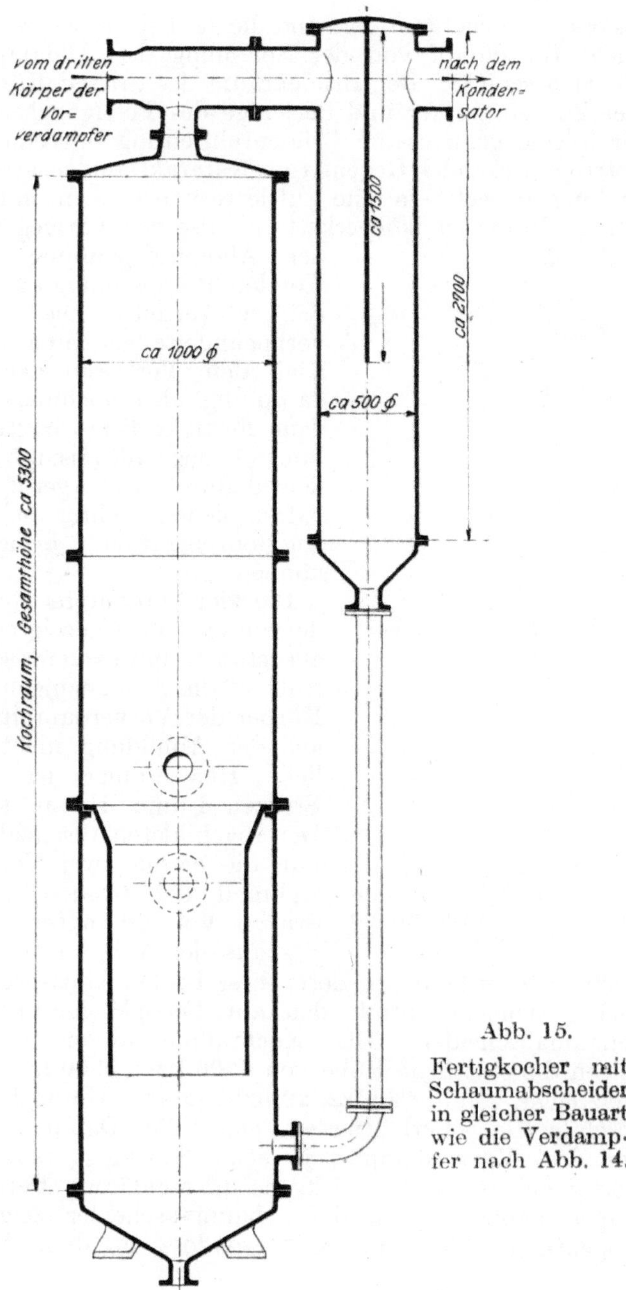

Abb. 15.
Fertigkocher mit Schaumabscheider in gleicher Bauart wie die Verdampfer nach Abb. 14.

des ersten Vorverdampfers und die des Fertigkochers wird mit einem Heizdampf von der Spannung des Abdampfes (ca. 0,5 at) beschickt. Der Brüdenraum des dritten Körpers der drei Vorverdampfer und derjenige des Fertigkochers stehen durch eine gemeinsame Brüdenrohrleitung mit einem barometrisch wirkenden Gegenstrom-Kataraktkondensator in Verbindung, in welchem eine Luftleere von 61,8 cm unterhalten wurde. In der Dreikörperkette ist also das Wärmegefälle von der Abdampfspannung bis zur Kondensatorspannung auf alle drei Körper verteilt. Die dermaßen vorbehandelte Schlempe setzt man nach dem Verlassen der Vorverdampfung also nochmals dem in dem Fertigkocher wirkenden Gesamtwärmegefälle aus, um sie unter dem dadurch hervorgerufenen lebhaften Sieden leichter auf die hohe Endkonzentration bringen zu können.

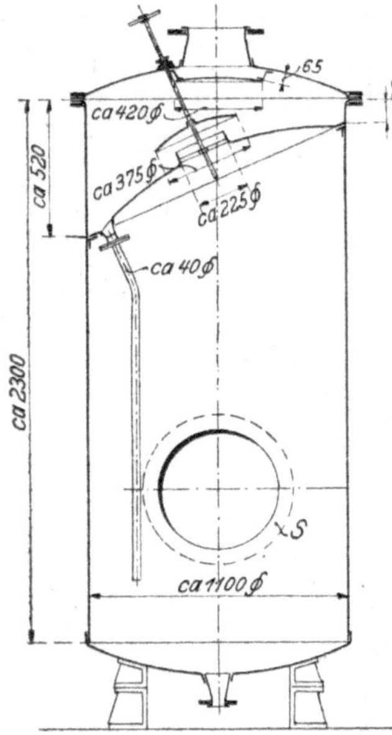

Abb. 16. Verdampfer mit 12 qm Heizfläche. Schaumabscheider im Brüdenraum eingebaut.

Die vier Verdampfer sind analog der unter Abb. 8 gezeigten Bauart ausgeführt, und es veranschaulicht Abb. 14 die Abmessungen der drei Körper der Vorverdampfung. Die aus der Abbildung nicht ersichtliche Heizkammer ist an den Stutzen I und II angeschlossen. Den abgebildeten Abscheider tragen nur die ersten zwei Verdampfer, während der Brüdenstutzen des dritten Vorverdampfers mit dem des aus der Abb. 15 ersichtlichen Fertigkochers kommuniziert; diese beiden Apparate arbeiten also gemeinsam durch den am Fertigkocher angebauten Schaumabscheider. Die Kochräume dieser Verdampfer zeigen die stattliche Höhe von 4500 bzw. 5300 mm bei einer Heizfläche von nur 32, 22, 22 bzw. 12 qm. Unter den soeben geschilderten Verhältnissen mag die Dampfentwicklung der drei Vorverdampfer je etwa 385 kg/st und die des Fertigkochers etwa 435 kg/st in regulärem Betriebe betragen haben. Auch die Schaumabscheider zeigen recht respektable Abmessungen, besonders in dem Verhältnis des Durchmessers zur Höhe (Abb. 14 gleich 1 : 4,44 bzw. Abb. 15 gleich 1 : 5,4).

In bezug auf das Überreißen von Flüssigkeit arbeiteten diese Verdampfer gut, es drängt sich dem Betrachter aber der Gedanke auf, daß bei der Wahl der Abmessungen dieser Apparate der bei den Abb. 7 und 8 erläuterten, an sich schon schaumzerstörenden Wirkung der Bauart nicht genügend Rechnung getragen worden ist. Bestätigt findet man diese Annahme, wenn man zur Betrachtung des Verdampfers nach Abb. 16 übergeht; es ist ein Apparat mit ebenfalls 12 qm Heizfläche, zur Eindampfung eines in seinen Eigenschaften der Melasseschlempe sehr ähnlichen Pflanzenextraktes in Gebrauch befindlich. Gebaut ist der Verdampfer ähnlich dem nach Abb. 7, der Anschlußstutzen für den Heizkörper ist mit S bezeichnet. Im Oberteil des Brüdenraumes befindet sich ein dem mit Figur 12 abgebildeten ähnlicher Abscheider. Im übrigen arbeitete der Apparat in Verbindung mit einem Oberflächenkondensator, der im Brüdenraum zur Zeit der Besichtigung ein Vakuum von 69,86 cm (Hg) Luftleere unterhielt bei einer Wasserverdampfung von etwa 450 kg/st, wie durch Messung der aus dem Kondensator gewonnenen Destillatmenge festgestellt wurde. Auf die durch die Untersuchung des Destillates ermittelte Wirkung des Schaumabscheiders dieses Apparates, die übrigens befriedigte, werden wir an dieser Stelle noch zurückkommen.

Bei einem Vergleich der Abmessungen der drei Verdampfer Abb. 14, 15 und 16 kann man, wie bei der Gegenüberstellung derjenigen der Apparate Abb. 12 und 13, beträchtliche Unterschiede feststellen, die sehr zuungunsten der Apparate Abb. 14 und 15 sprechen. Abgesehen davon, daß der Raumbedarf und die Anschaffungskosten des Verdampfers Abb. 16 erheblich geringer sein werden, so ist derselbe ferner noch durch die Anordnung des Schaumabscheiders im Brüdenraum im Vorteil. Die getrennte Anordnung des Schaumabscheiders, dessen und der Verdampfer Abb. 14 und 15 große Abmessungen bedingen Energie- bzw. Wärmeverluste, die bei den viel geringeren Abmessungen der Bauart Abb. 16 wesentlich eingeschränkt sind. Eine Verbesserung des Verdampfers Abb. 15 wäre z. B. ohne Beeinträchtigung der Wirkung schon dadurch erreichbar, daß man den seitlich angebauten Abscheider durch einen im Brüdenraum hängenden ersetzt, wie es die Abb. 17 erläutert.

Auf jeden Fall scheinen die so gekennzeichneten Unter

schiede in den Abmessungen integrierender Konstruktions-
teile von Verdampfern eine Unsicherheit zu verraten, wie

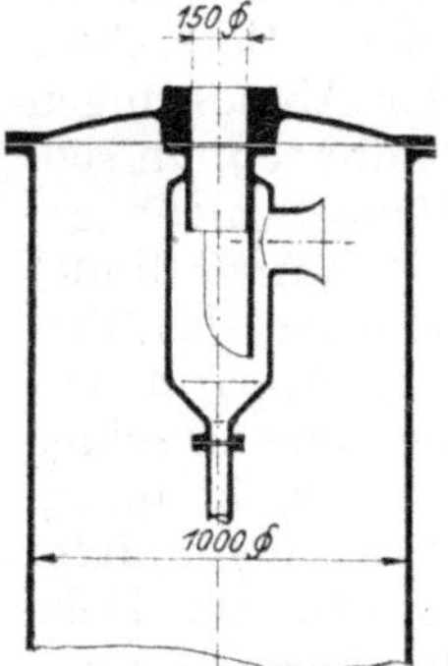

Abb. 17. Verdamp-
fer mit im Brüden-
raum eingebautem
Abscheider.

sie auf keinem anderen so alten Gebiete
des Maschinen- und Apparatebaues anzutreffen sein dürfte, und die uns ausschließlich auf die Unsicherheit in der Beurteilung der Schaumentwicklung und
Schaumabscheidung begründet erscheint.

Als Gegenstücke zu den soeben besprochenen Verdampfern mit Abscheidern
sind noch drei Bauarten zu erwähnen, die
in der Praxis hauptsächlich zum Destil-
lieren von Wasser eine beschränkte Verbreitung gefunden haben, jedoch keine
Einrichtung zur Trocknung des Dampfes
besitzen. Hiervon zeigt Abb. 18 einen
sogenannten Säulen - Verbund - Wasser -
destillierapparat, einen Mehrstufen-Ver-
dampfer, dessen verschiedene Druckstufen

sämtlich unter Überdruck stehen. Das Rohwasser tritt bei a
ein, und die vier Regler b verteilen es nach Bedarf auf die vier

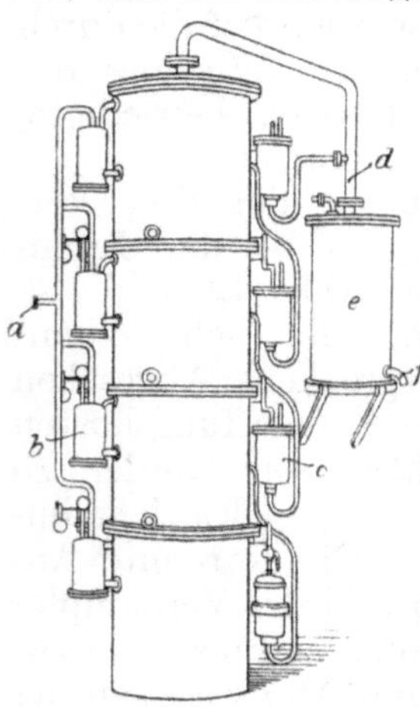

Abb. 18. Säulen-Verbund-
Wasserdestillier-
verdampfer.

Druckstufen. Das Destillat der vier
Heizkammern, welche mit Heizein-
richtungen in Form von Doppelböden.
Schlangen- oder Rohrheizkörpern
ausgerüstet sein können, wird mit
dem Kondensat des Heizdampfes vereinigt und durch die Ableiter c jeweils
in die nächst niedrigere, also darüber
liegende, Druckstufe geleitet, um
endlich aus der oberen Stufe mit
niedrigstem Druck durch das Destillat-
dampfrohr d in den unter atmosphärischer Spannung arbeitenden
Destillierkondensator e zu gelangen.
Das Destillat fließt bei f ab. Die
aus der Abbildung ersichtlichen vier
Speiseregler b verraten die Vierfach-
Verbundwirkung des Verdampfers.
Die gedrängte Bauart (vgl. Abb.

in Chem. Apparatur 2, 89 [1915]) ergibt äußerst niedrige
Brüdenräume, die den Einbau von Dampftrocknern nicht
gestatten. An die Reinheit des erzeugten Destillates wird

man demnach auch vermutlich keine zu hohen Erwartungen stellen dürfen. Eine ausführliche Beschreibung nebst Schnitt-darstellung eines solchen Mehrstufen-Säulenverdampfers mit Dampftrocknern spezieller Art ist übrigens in der deutschen Patentschrift Nr. 10686 enthalten, auf welche an dieser Stelle nur verwiesen sein mag.

Ebenfalls einen Mehrstufen-Verbund-Wasserdestillier-apparat veranschaulicht Abb. 19, derselbe gelangt nach D. R. P. 159652 und 253625 zur Ausführung. Die kleinen, um den stehenden, weiten Zylinder radial angebrachten Töpfe mit Rohr-anschlüssen und Flüssigkeits-ständen stellen die Speiseregler für die verschiedenen Druckstufen, also vier, des Verdampfers dar.

Das Innere dieses Apparates (nach D. R. P. 159652) erkennen wir aus der der Patentschrift entnommenen Abb. 20. Die Ver-dampfungs- und Kondensations-(Heiz-)räume umschließen sich ringförmig. Sämtliche Stufen des Verdampfers arbeiten ebenfalls unter Überdruck (also ohne An-wendung von Vakuum). Die höchste, sich nach außen hin ab-stufende Betriebsspannung des Apparates befindet sich in dem Raum A, in dem auch die Heiz-schlange p für den Heizdampf eingebaut ist. Die im Raum A aufsteigenden Destillatdämpfe

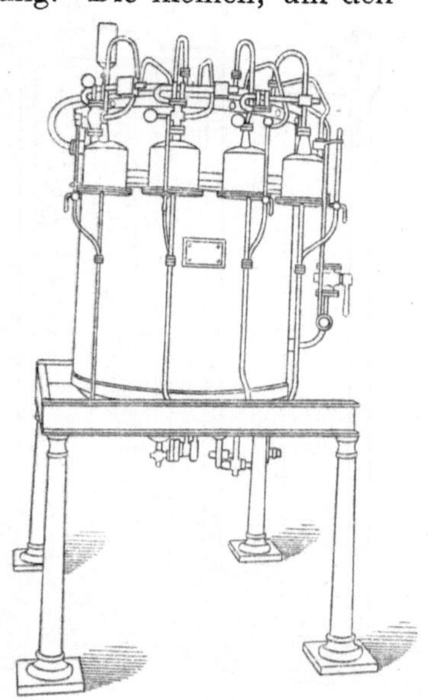

Abb. 19. Verbund-Wasser-destillierverdampfer.

treten, ohne entwässert zu sein, in die Kammer B^1 ein, um durch die trennende Wand die in B^2 befindliche Flüssigkeit zu verdampfen. Dieses Spiel wiederholt sich bis zur Stufe B^4 (eventuell noch weiter). Im Raum C werden alsdann die aus B^4 kommenden Dämpfe durch die mit kaltem Wasser ge-speiste Kühlschlange i niedergeschlagen. Das angewärmte Kühlwasser gelangt durch Rohr k zum Destillat um r und s im Gegenstrom geführt, als hochvorgewärmtes Speisewasser durch $l_{1,2,3}$ in die sich ringförmig umschließenden Verdampfer.

Auch dieser Verdampfer wird, wenn auch wärmewirt-schaftlich gut arbeitend, infolge seiner äußerst kleinen

Brüdenräume in bezug auf die Reinheit des Dampfes bzw.
Destillates nur geringen Anforderungen zu entsprechen vermögen. Zu dieser Ansicht muß auch selbst der Erfinder gelangt sein, als er das D. R. P. 253 625 nachsuchte. Er schreibt
nämlich: „Bei den bisher bekannten Verbundverdampfern
mit von einem Verdampfraum zum anderen dem Wärmegefälle entsprechend stufenweise abnehmenden Druck, insbesondere bei Verdampfern mit einander ringförmig umschließen-
den Verdampf- und Kondensräumen (vgl. D. R. P. 159 652) wird es als ein Übelstand emp-
funden, daß der Flüssig-
keitsspiegel immer etwa
400 mm unterhalb der
Überströmkante zu-
rückbleiben muß, um
‚nach Möglichkeit‘! zu
verhüten, daß die un-
reine Verdampfflüssig-
keit vom Dampf mit-
gerissen wird oder durch
Unregelmäßigkeiten bei
der Speisung in die
Kondensräume geraten
kann.‘‘

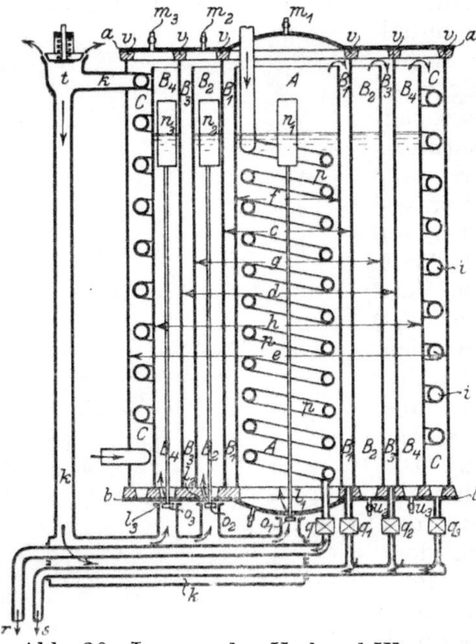

Abb. 20. Inneres des Verbund-Wasser-
destillierverdampfers nach Abb. 19.

Um diesem Übelstand
zu begegnen, schaltet er
nach D. R. P. 253625
(Abb. 21) zwischen den
Verdampf- und Kon-
densräumen je einen
weiteren Raum ein, über
den die entwickelten Dämpfe ziehen müssen. „Der zwischen-
geschaltete Raum soll gewissermaßen eine Fallgrube für
etwa vom Dampf mitgerissene Teile (Schaum, Flüssigkeit,
Gase) bilden, die aus diesem Raum entweder direkt nach
außen oder nach einem unter geringerem Dampfdruck stehenden Verdampfraum geleitet werden.‘‘

„Diese Zwischenräume lassen sich auch als Überfallräume
für die Speiseflüssigkeit, also zur Speisung der nachfolgenden
Verdampfräume verwenden, wobei dann der Flüssigkeitsspiegel in jedem Verdampfraum bis zu der Oberkante der

den Verdampfraum von dem Zwischenraum trennenden Wand hinaufgeführt werden kann.‟

In der Abbildung (Abb. 21) sind die der Dampftrocknung dienenden Räume mit d^1, d^2, d^3 bezeichnet. Im übrigen ist die Arbeitsweise des Apparates die gleiche, wie bei Abb. 19 und 20 beschrieben. Es mag dahingestellt bleiben, welchen Erfolg die Anbringung der Zwischenräume bei ihrer allseitig geringen Ausdehnung zeitigt. Eine Herbeischaffung von

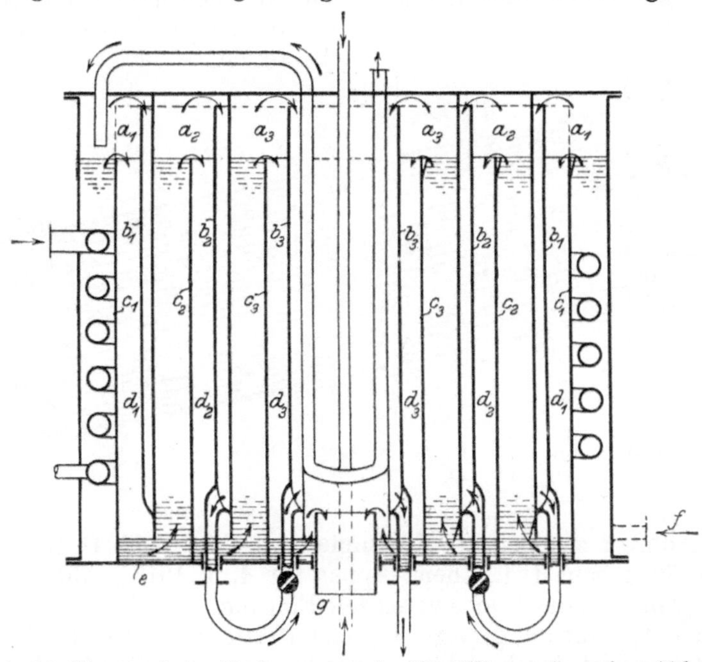

Abb. 21. Konstruktive Verbesserung des Destillierverdampfers Abb. 19 zur Gewinnung eines reineren Destillates nach D. R. P. 253 625.

Destillatproben aus solchen Apparaten, durch deren Untersuchung eine Feststellung möglich gewesen wäre, konnte nicht erfolgen. Eine Verbesserung der Destillatqualität mag immerhin bestehen, weil das Rohwasser beim Apparat nach Abb. 21 nicht mehr, wie bei denjenigen nach Abb. 19 und 20, jeder Kammer einzeln zugeführt wird, sondern dessen Gesamtmenge in einem einzigen Strome zunächst in die mit höchster Spannung arbeitende Kammer a^1 eintritt und von hier aus erst durch Überfluten der Wände c^1 c^2 c^3 in die nachfolgenden Verdampfungsräume nach und nach gelangt. Es stehen also alle Rohwasserräume untereinander in Verbindung, so daß sie kräftig vom Rohwasser durchspült und, wenn die eingespeiste Rohwassermenge groß genug war, die im Rohwasser enthaltenen Rückstände bei *g* als Schlammwasser abgeleitet werden können. In den Apparaten Abb. 19 und 20 muß dagegen in allen Rohwasserräumen auf hohe Konzentration eingedampft werden, und es muß folglich auch das Destillat, weil aus im Durchschnitt unreinerem Wasser abgedampft, an Rückständen reicher sein.

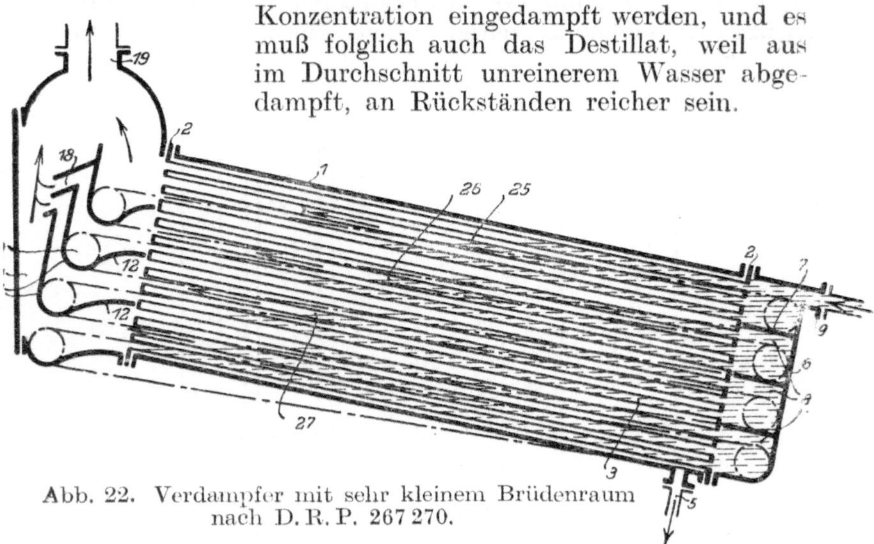

Abb. 22. Verdampfer mit sehr kleinem Brüdenraum nach D. R. P. 267 270.

Abb. 22 zeigt einen Verdampfer, welcher, nach D. R. P. 267 270 gebaut (vgl. Chem. Apparatur 4, 4 [1917], Abb. 2), neuerdings in der Praxis vereinzelt Eingang gefunden hat; es ist ein Apparat mit geneigt liegenden Heizröhren. Der Flüssigkeitsraum ist durch mehrere Zwischenwände in die vier Abteilungen 8 unterteilt, welche von der Flüssigkeit der Reihe nach von oben bis unten durchströmt werden. Der Eintritt derselben erfolgt bei 9, der Austritt der eingedickten Flüssigkeit bei 5. Die Wände 17 in der Kammer 11 bilden Zwischenräume 18, durch welche der von der Flüssigkeit „getrennte" Dampf entweichen soll. Wo jedoch diese Trennung des Dampfes von der Flüssigkeit erfolgen könnte, ist nicht recht erklärlich. Der Brüdendampf wird infolge des beschränkten Raumes gewiß reich an flüssigen Anteilen sein. Das gleiche trifft auch für die Verdampfer nach D. R. P. 280 681 zu[13]).

---

[13]) Vgl. Chem. Apparatur **2**, 39 (1915), Abb. 2.

III. Theoretische Grundlagen zur Beurteilung
der Verhältnisse, welche beim Überreißen und
der Abscheidung der in den Dämpfen enthaltenen Flüssigkeitsanteile vorliegen können.

Welche verschiedenen Formen die aus einer verdampfenden Flüssigkeit vom Dampfstrom mitgerissenen Massen der
Flüssigkeit annehmen können, und welche Erscheinungen dabei auftreten können, haben wir schon im zweiten Abschnitt
erörtert. Stets stehen diese feinverteilten Flüssigkeitsmassen
unter dem Einfluß des sie führenden Dampfstromes. Ihr
Verhalten, insbesondere ihr Weg, wird deshalb auch nach
ihrer erfolgten Loslösung vom Komplex der Flüssigkeits-
und Schaummassen im wesentlichen von ihm bestimmt,
d. h. sie werden von dem Druck, den der Dampfstrom
auf sie ausübt, beeinflußt bzw. von ihrem Wege, den sie unter
dem Einfluß der Schwerkraft, freischwebend, nehmen würden,
abgelenkt. Weil nun der vom Dampfstrom ausgeübte Druck
von der Geschwindigkeit und der Dichte des Dampfes, von
seiner kinetischen Energie abhängt, so wollen wir die Wirkung des Dampfstromes wenigstens in den Hauptzügen
deduktiv darzustellen versuchen, vorausschickend, daß diesen
mathematischen Theorien, abgesehen von dem Mangel an
exakten Versuchswerten mit sphärischen Körpern, wegen der
Mannigfaltigkeit der bei Verdampfapparaten zu berück-
sichtigenden Verhältnisse wohl nur ein bedingter Wert
zugesprochen werden kann. Dies trifft in der Hauptsache
zu, wenn dieselben auf die Beurteilung der Wirkung von
Schaumabscheidern numerische Anwendung erfahren sollen;
sie stellen in der Hauptsache ein mnemotechnisches Hilfsmittel dar.

Den Druck eines ununterbrochenen Luft-(Dampf-)stromes
von nicht mehr als 10 m/sek Geschwindigkeit auf eine sich ihm
vertikal darbietende Fläche charakterisiert die Gleichung:

$$\text{(I)} \qquad D = \psi \cdot \gamma \cdot Q \cdot \frac{v^2}{2\,g},$$

worin bedeutet:

$D =$ Druck in kg,
$Q =$ Fläche in qm,
$\gamma =$ Gewicht von 1 cbm Luft in kg,
$v =$ relative Geschwindigkeit zwischen Luft und Ebene
    in m,
$g =$ Gravitationskonstante, für Mitteldeutschland $= 9,81$,
$\psi =$ ein Koeffizient.

Für ψ fand Grashof[14]) für Flächen von 0,1—4 qm die
Werte 1,86—2,69, während für sich im Wasser bewegende
Kugeln von 100—200 mm Durchmesser nach experimenteller
Bestimmung $\psi = 0,54$ vorgeschlagen wird. Für die wesentlich
kleineren, sich im Dampfstrom befindenden Tropfen vermag
demnach, selbst unter Berücksichtigung der durch den Druck
des Dampfstromes hervorgerufenen Formänderung der Tropfen, unter den ungünstigsten Verhältnissen ψ den Wert 0,5
bei weitem nicht zu erreichen, und man kann folglich den
energetischen Vorgang in die Gleichung kleiden:

$$\text{(II)} \qquad\qquad D = 0,5 \cdot \gamma \cdot Q \cdot \frac{v^2}{2g}$$

oder:

$$\text{(III)} \qquad\qquad v = \sqrt{\frac{D \cdot 2 \cdot g}{0,5 \cdot \gamma \cdot Q}},$$

wenn man zwischen der Wirkung eines Luft- oder Dampfstromes nicht unterscheidet, bzw. für γ das spezifische Gewicht des Dampfes in die Gleichung einführt.

Eine intuitive Betrachtung der Gleichung lehrt uns, daß,
wenn die Komponenten γ und v bei konstantem Q größere
Werte annehmen, auch D größeren Wert erlangt, d. h. daß
mit zunehmendem spezifischen Gewicht des Dampfes, also
zunehmender Spannung und größerer Geschwindigkeit desselben, der auf einen Tropfen ausgeübte Druck wächst, somit
auch die Gefahr, vom Dampfstrom mitgerissen zu werden.
Andererseits aber bewirkt ein kleineres Q ein Abfallen des
Wertes D, d. h. je kleiner der Tropfen ist, desto kleiner ist
auch der Druck, welcher ausreicht, ihm eine Bewegung im
Sinne des Dampfstromes zu erteilen. Um die Zurückhaltung
selbst kleinster Tropfen in dampfführenden Bauteilen der
Verdampfer zu ermöglichen, d. h. um die mechanische
Kraft des Dampfes zu paralysieren, müssen deren Abmessungen stets für das größte zu erwartende Dampfvolumen, das sie führen sollen, berechnet werden. Aber
auch diese Maßnahme kann keinen absoluten Erfolg ver-
sprechen, weil ja die sich dem Grenzzustande nähernden bzw.
die kleinen und kleinsten Tröpfchen und Schaumpartikelchen,
ebenso die Dampf- und Flüssigkeitsblasen, deren Gewicht
immer in einem sehr ungünstigen Verhältnis zu ihrer Größe
steht, nur einen so geringen Widerstand zu bieten vermögen,

---

[14]) Vgl. Grashof, Theoretische Maschinenlehre, Band I. (Ferner:
Eiffel, La résistance de l'air et l'aviation. 1910.)

daß ihre Entführung mit dem Dampfstrom praktisch schon bei ganz geringen Dampfgeschwindigkeiten außer Zweifel steht. Hieraus ergibt sich von selbst die Forderung, daß jeder Verdampfapparat zur Erreichung einer einwandfreien Arbeitsweise mit einer Einrichtung zur Zurückhaltung der mitgerissenen Schaum- und Tropfenmassen, mit einem Abscheider versehen sein sollte, ohne den er als unvollständig anzusehen ist.

Besonders vertikal strömender Dampf hält die einmal aufgenommenen Flüssigkeitsanteile mit großer Hartnäckigkeit zurück, weil sich ihm auf seinem Wege keine Gelegenheit zur Ausscheidung derselben bietet. Anders liegen dagegen die Verhältnisse beim horizontalen Dampfstrom, in welchem alle Flüssigkeitsanteile infolge der Schwerkraft das Bestreben zeigen, zu Boden zu fallen, sich auszuscheiden. Im horizontalen Dampfstrom wirken auf einen Tropfen zwei verschiedene Kräfte in verschiedenen, aber nicht, wie beim vertikalen, aufwärts gerichteten Dampfstrom, einander entgegengesetzten Richtungen ein: einerseits der Druck des Dampfstromes, andererseits die Schwerkraft, und welchen Weg ein Tropfen unter dem Einfluß dieser Kräfte nimmt, wollen wir nachfolgend kurz untersuchen.

Der von einem konstanten Dampfstrom (gleich in welcher Richtung) auf einen freischwebenden Tropfen ausgeübte Druck erteilt demselben naturgemäß eine beschleunigte Bewegung in dieser Richtung. Erreicht dieser Druck das Gewicht des Tropfens bzw. ist er diesem gleich, dann wird die ihm in der Stromrichtung erteilte Beschleunigung gleich der Beschleunigung der Schwere $= g = 9{,}81$ m. Setzen diese Wirkungsgröße eines horizontalen Dampfstromes und die Schwerkraft zu gleicher Zeit auf einen in Ruhe befindlichen Tropfen ein, so fällt derselbe unter einem Winkel von $45°$ zu Boden, denn die Beschleunigung beträgt in jeder Richtung $9{,}81$ m. Ist der horizontale Druck größer als $9{,}81$ m, dann nähert sich der vom Tropfen beschriebene Weg mehr der Horizontalen, im anderen Falle mehr der Vertikalen.

Beschreibt der Dampfstrom einen unter dem Winkel α gegen die Horizontale nach oben gerichteten Weg, so werden die mitgeführten Flüssigkeitstropfen unter der Horizontalen abfallen, wenn der Druck des Dampfstromes $D < \dfrac{G}{\sin\alpha}$ ist.

Ist $D < G$, kann der Tropfen nach Gleichung (II) in einem vertikalen Dampfstrom zu Boden fallen, d. h. auch in einem

beliebig geneigten Dampfstrom muß in diesem Falle der
Tropfen unter der Horizontalen abfallen. Ist $D > G$, so wird
der Tropfen schon bei geringstem Werte von α einen aufsteigenden Weg nehmen. Wenn $D = G$, dann fällt der Tropfen nach unten, wenn $\alpha < 90°$ ist, während bei $\alpha = 90°$
der Weg des Tropfens der Horizontalen parallel liegt.

Diese analytische Betrachtung lehrt uns, daß im horizontalen Dampfstrom auch die kleinsten Flüssigkeitspartikelchen
bei hinreichend langem Weg zu Boden fallen, also ausgeschieden
werden müssen. Denn auch wenn $D = G$ ist, muß die Weg-
richtung jedes Partikelchens eine abfallende sein. Daß auf
dieser Erscheinung auch die bessere Arbeitsweise der Ver-
dampferbauarten ähnlich Abb. 7 und 8 beruht, darauf haben
wir schon eingangs hingewiesen; hier führen Erfahrung und
Theorie zu übereinstimmendem Ergebnis.

Die voraufgehenden Darstellungen beschäftigten sich
mit dem Weg der Tropfen in einem konstanten Dampfstrom
gerader Strömungsrichtung, durch welche wir über das Verhalten mitgerissener Massen von Flüssigkeit mancherlei Aufschluß erhalten haben; es bleibt aber noch der Weg der
flüssigen Anteile in einem einen plötzlichen Richtungswechsel
vollführenden Dampfstrom zu untersuchen, Verhältnisse,
wie sie ebenfalls in den Konstruktionsteilen mancher Verdampfapparate und Abscheider vorzukommen pflegen.

Einem Richtungswechsel setzen die Dampf- und Flüssigkeitsteilchen naturgemäß einen Widerstand entgegen, der
aus ihrem Beharrungsvermögen resultiert. Dieses Beharrungsvermögen äußert sich im Augenblick des Richtungswechsels in Gestalt der Flieh- oder Schleuderkraftwirkung,
deren Wert sich unter Anlehnung an Gleichung (II) ableiten
läßt aus der Gleichung:

$$\text{(IV)} \qquad\qquad C = \frac{\gamma \cdot v^2}{g \cdot r},$$

und wir erhalten in bezug auf ein Dampfteilchen die Fliehkraft:

$$\text{(V)} \qquad\qquad C_d = \frac{\gamma_d \cdot v^2}{g \cdot r}$$

und für ein Wasser-(Flüssigkeits-)teilchen das Analogon:

$$\text{(VI)} \qquad\qquad C_w = \frac{\gamma_w \cdot v^2}{g \cdot r},$$

worin bedeutet:

γ_d = Gewicht von 1 cbm Dampf in kg,

γ_w = Gewicht von 1 cbm Wasser (Flüssigkeit) in kg,

  r = mittlerer Halbmesser des Bogens, der vom Dampfstrom während des Richtungswechsels zu beschreiben ist (relative Geschwindigkeit des Richtungswechsels).

Ein Gedankenexperiment mit den Gleichungen IV bis VI lehrt uns, daß C einfach proportional mit dem Dampf- bzw. Flüssigkeitsgewicht wächst und desgleichen mit abnehmendem Werte von r. Die Fliehkraft nimmt mit der Strömungsgeschwindigkeit zu, und zwar mit dem Quadrat derselben. Setzt man beispielsweise den Proportionalitätsfaktor $\gamma_d = 0,109$ (Gewicht von 1 cbm Dampf bei einem Vakuum von 63,7 cm Hg) und $\gamma_w = 1000$ und nimmt für die Dampf- und Flüssigkeitsteilchen (was den praktischen Verhältnissen sehr nahekommen wird) die Geschwindigkeit v gleich groß an, so ist:

$$C_w = C_d \cdot \frac{1000}{0,109} = \sim 9000 \cdot C_d.$$

Handelt es sich beispielsweise um einen Tropfen aus einer verdampfenden Lauge mit 1,4 spez. Gew., dann erhalten wir den quantitativen Vergleich:

$$C_w = C_d \cdot \frac{1400}{0,109} = \sim 13000 \cdot C_d,$$

d. h. der Widerstand, welchen ein Flüssigkeitsteilchen dem Richtungswechsel entgegensetzt, ist bei den gewählten Bedingungen rund 13000 mal größer als derjenige des Dampfteilchens, mit anderen Worten: die Flüssigkeitsteilchen sind mit großer Gewalt bestrebt, sich durch die Energiedifferenz aus dem Dampfstrom auszuscheiden. Diesem Bestreben entgegen wirkt jedoch der Druck des Dampfstromes, der den einzelnen Tropfen eine ihrem Gewicht bzw. ihrer Größe entsprechende Ablenkung zu erteilen bestrebt ist, Erscheinungen, deren Wesen wir schon zu Anfang des Abschnittes III erörterten. Bei hinreichender Strömungsgeschwindigkeit muß somit ein plötzlicher Richtungswechsel folgerichtig zum Zerplatzen der vom Dampfstrom mitgeführten Schaumgebilde führen, weil die Flüssigkeitsmassen dem Dampfstrom bzw. dem Dampf, den sie umschließen, nicht zu folgen vermögen

Es leuchtet ein, daß die Tatsache, daß sich Flüssigkeitsgebilde aus einem horizontalen Dampfstrom und bei plötzlicher Änderung der Strömungsrichtung vorzugsweise ausscheiden, als Arbeitsprinzip für wirksame Flüssigkeitsabscheider universellen Wert besitzt, und faktisch macht man von ihr weitestgehend technischen Gebrauch.

IV. Darstellung verschiedener Bauarten von Abscheidern.

Nach den in den voraufgehenden Abschnitten I bis III angestellten Betrachtungen gehen wir nunmehr zur Besprechung einiger bekannt gewordenen, angewandten Bauarten von Schaumabscheidern über, die die mannigfachen Wege zeigen sollen, auf denen die Apparatkonstrukteure zur Lösung des Problems zu gelangen denken.

Als einfachste, aber auch wenig vollkommene und trotzdem oft benutzte Form eines Dampftrockners kann wohl die durch Abb. 23 wiedergegebene betrachtet werden. Derselbe besteht aus einem im Oberteil des stehenden Verdampfkörpers vor dem Brüdenaustrittsstutzen angebrachten, gewölbten, durch Bolzen aufgehängten Prellboden, der den direkten Eintritt der Flüssigkeitsmassen in das Brüdenabzugsrohr verhindern soll. Solange es sich um die Zurückhaltung einzelner Flüssigkeitsteile handelt, dürfte diese Einrichtung bei sonst richtig gewählten Abmessungen des ganzen Apparates und günstigen Verhältnissen vielleicht einen Teilerfolg ermöglichen; wirkungslos muß sie jedoch bleiben, wenn es sich um die Bewältigung zusammenhängender, bis in das Oberteil des Verdampfers aufsteigender Schaummassen handelt. In diesem Falle ist eine Wirkung nicht erreichbar, weil sich

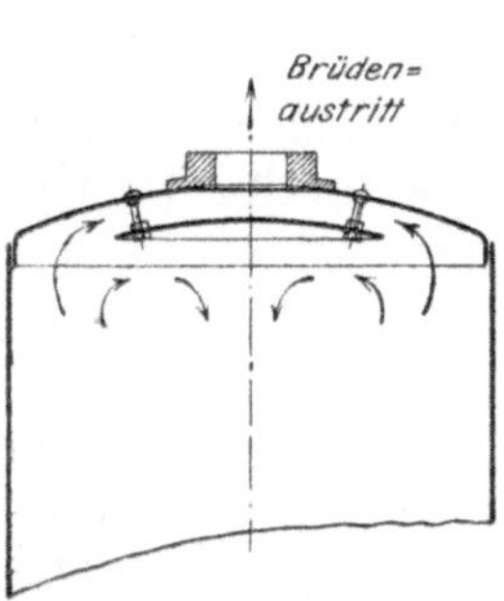

Abb. 23. Dampftrockner einfacher Form im Oberteil eines stehenden Verdampfkörpers.

den Schaumkomplexen keine Gelegenheit zur Ausscheidung aus dem Dampfstrom und Rückführung in den Flüssigkeitsraum darbietet. Anders dagegen bei tropfenförmigen Flüssigkeitsanteilen, die größtenteils infolge ihrer Trägheit der unter dem Prellboden befindlichen Zone der Ruhe bzw. vom Dampfstrom freiem Raum zuströmen, wo der auf die Tropfen ausgeübte Dampfdruck so gering wird, daß sie, große sowohl wie kleine, ohne weiteres in die Flüssigkeit zurückfallen können. Ein anderer Teil der Tröpfchen fällt noch bei Vollführung des kurzen wagerechten Weges über dem Prellboden auf diesen ab, vereinigt sich hier zu größeren Tropfen, welche schließlich am Rande des Prellbodens dem Dampfstrom entgegen abzufallen vermögen.

Zwecks Verbesserung der Wirkung empfiehlt sich, entgegen gewöhnlichem Gebrauch und der durch Abb. 23 gegebenen Darstellung, die Wahl eines größeren Prellbodendurchmessers, welcher fast den Durchmesser des Verdampfkörpers erreichen kann, natürlich ohne eine unzulässige Drosselung des Dampfstromes zu bewirken. Hierdurch ergibt sich eine wesentlich größere Ruhezone und dadurch vermehrte Flüssigkeitsausscheidung.

Eine verbesserte Bauart eines Abscheiders, welcher auch zur Beseitigung von Schaummassen geeignet erscheint, zeigt uns Abb. 24. Zwecks leichter Zugänglichkeit ist die Einrichtung in einem domförmigen Aufsatz des Verdampfapparates untergebracht. Der mit Flüssigkeit angereicherte Brüdendampf steigt in dem zylindrischen Hals a auf und erlangt durch die Glocke einen scharfen Richtungswechsel um 180°, der sich gleich darauf auf dem Wege des Dampfes nach dem Brüdenstutzen nochmals wiederholt. Bei diesem letzten Wechsel vermögen die Flüssigkeitsteile dem Dampf nicht zu folgen, sondern werden auf den Boden c des Domes geschleudert, von wo sie durch das Rücklaufrohr wieder in die Flüssigkeit zurückgelangen.

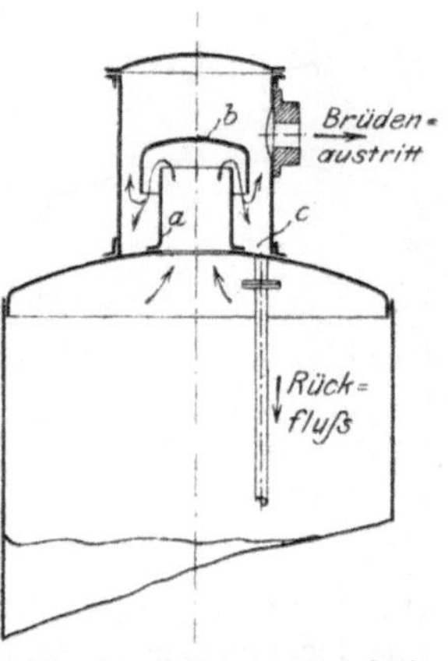

Abb. 24. Schaumabscheider verbesserter Bauart.

Auch hier spielt die Wahl richtiger Abmessungen der Bauteile für guten Erfolg eine wesentliche Rolle: einmal sollen dieselben keinen unzulässigen Druckabfall des Dampfes bewirken, was mit einem Verlust an Temperaturgefälle bzw. mit einer Leistungsverminderung gleichbedeutend wäre; dann aber muß dem Dampfstrom trotzdem hinreichend Geschwindigkeit erteilt werden, um im Augenblick des Richtungswechsels eine Zerstörung der Schaumblasen und Ausschleuderung der Flüssigkeit sicher zu erreichen. Auch das Rückflußrohr ist genügend weit zu wählen, damit die Flüssigkeit selbst bei geringem Gefälle restlos aus dem Dom ablaufen kann. Bei übermäßig gesteigerter Dampfgeschwindigkeit in

der Haube findet übrigens unter Umständen im Dom ein
so starker Druckabfall des Dampfes statt, daß der im Verdampfkörper herrschende höhere Druck den Rückfluß der im
Dom ausgeschiedenen Flüssigkeit verhindern kann, sie also
im Dom angestaut wird und doch in das Brüdenrohr übertritt. Der Berechnung sind also stets die größten zu erwartenden Dampfmengen zugrunde zu legen. Ein weiterer oft beobachteter Konstruktionsfehler besteht darin, daß der Brüdenstutzen nicht an höchster Stelle des Domes angebracht wird,

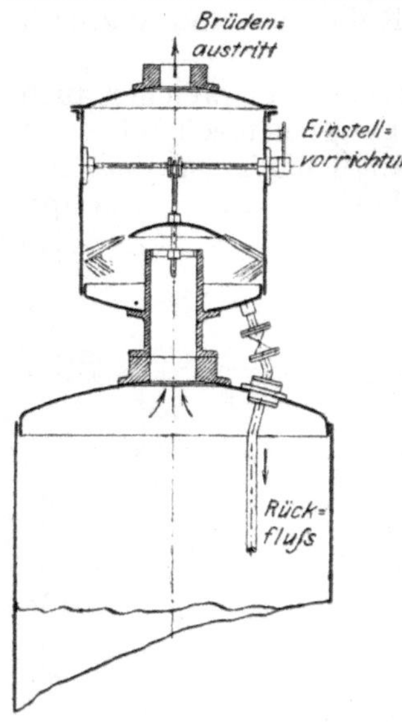

Abb. 25. Verdampfer mit Abscheider, welcher einstellbare
Prellplatte besitzt.

sondern in der Höhe der Unter-
kante der Haube b, so daß auch
hierdurch trotz sonst guter Wirkung der Einrichtung ein Überreißen von Flüssigkeit eintreten
kann. Ein Nachteil dieses Abscheiders ist der, daß bei stark
verminderter Verdampfleistung
des Apparates die Dampfgeschwindigkeit in der Haube b so
weit abzufallen vermag, daß deren
schaumabschleudernde Wirkung
Beeinträchtigung erfährt. Auf die
Einzelheiten konstruktiver Fragen werden wir noch in den folgenden Abschnitten ausführlich
zu sprechen kommen. Dieser
Abscheider stellt übrigens eine
Umkehrung des durch Abb. 1 erläuterten dar, bei welchem der
Dampf nicht unter, sondern über
der Haube eintritt.

Dem Übelstand verminderter
Wirksamkeit bei zu geringen Dampfgeschwindigkeiten will
der Abscheider Abb. 25 begegnen, der mit einer der Leistung
entsprechend von außen einstellbaren Prellhaube versehen
ist, eine Ausführung, die bis zum Jahre 1904 durch D. R. P.
70 022 geschützt war. Es empfiehlt sich, das Gehäuse dieses
Abscheiders mit einem Flüssigkeitsstand auszustatten zwecks
Beobachtung der richtigen Einstellung, die entsprechend der
Verdampfleistung zu erfolgen hat. Wärmeökonomisch richtiger würde die Anordnung dieses Abscheiders nicht, wie in
der Abbildung dargestellt, in besonderem Gehäuse, sondern
direkt im Innern des Verdampfers sein, wie bereits in der

Chem. Apparatur **2**, 91 (1915) abgebildet und beschrieben, worauf an dieser Stelle verwiesen sein soll.

Zahlreiche Anwendung, besonders bei den Verdampfapparaten der Zuckerindustrie, erfährt der von dem Zuckerfachmann Gustav Hodek (1868) vorgeschlagene Saftfänger nach Abb. 26, der eine liegende, also für horizontale Anordnung in der Brüdenleitung bestimmte Ausführungsform veranschaulicht. Nach Angabe des Erfinders soll der Saftfänger, dessen Querschnitt gleich dem Zwanzigfachen des anschließenden Brüdenrohres vorgeschlagen wird, infolge seines weiten Querschnittes gute Erfolge ermöglichen, da der Dampfstrom in ihm eine entsprechende, die Ausscheidung flüssiger Anteile begünstigende Verringerung seiner Geschwindigkeit erfährt. Stohmann beschreibt in seinem „Handbuch der Zucker-

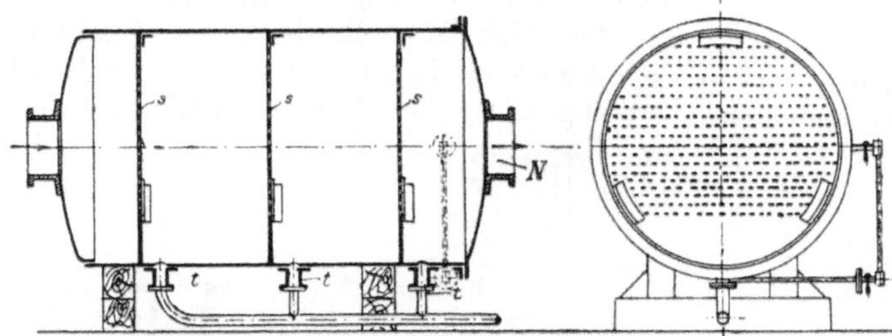

Abb. 26. Saftfänger liegender Anordnung nach Hodek im Längs- und Querschnitt dargestellt.

fabrikation"[7]) den Hodekschen Saftfänger etwa wie folgt: Im Innern desselben „sind drei gelochte Platten *s* in etwas geneigter Richtung eingesetzt, wodurch der Innenraum in vier Räume geteilt wird. Die Summe der Querschnitte der Öffnungen jeder einzelnen Platte ist dabei so groß wie der Querschnitt des Brüdenrohres. Durch diese Anordnung wird die Bewegungsgeschwindigkeit des Dampfstromes im Innern des Saftfängers eine sehr verschiedene sein."

„Sie wird sich beim Eintritt in denselben zunächst (vgl. den Längsschnitt Abb. 26) in der ersten Abteilung verlangsamen, die mitgerissenen Saftteile fallen zum Teil nieder, das noch im Dampfe Verteilte prallt gegen die erste Scheidewand, wodurch ein neuer Niederschlag erfolgt. Beim Durchtritt durch die Öffnungen der ersten Platte nimmt der Dampf auf einen Augenblick seine frühere Geschwindigkeit wieder an, um gleich darauf in der zweiten Abteilung wieder langsamere Bewegung anzunehmen und dort einen Niederschlag zu bilden. Dasselbe wiederholt sich in der dritten und vierten Abteilung, bis endlich der Dampf, vom Saft befreit, durch das Rohr N seinen weiteren Weg nimmt. Die aus dem Dampfe niedergeschlagenen Saftteile werden aus jeder Abteilung durch die Rohrstutzen t in ein gemeinsames Rohr geleitet, durch das sie in den Verdampfkörper zurückfließen.“ Um ein sicheres Zurückbleiben der ausgeschiedenen Flüssigkeit zu erreichen, bleibt der untere Teil jeder Platte s ungelocht (vgl. den Querschnitt Abb. 26). Ein am Mantel angeordneter Flüssigkeitsstand ermöglicht die Beobachtung etwa sich im Innern ansammelnder Flüssigkeitsmassen.

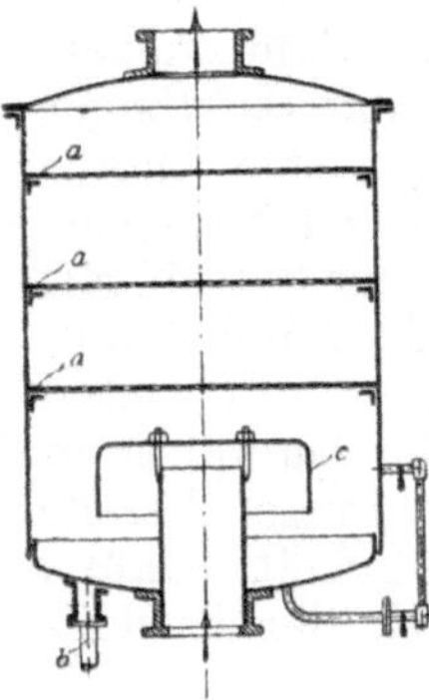

Abb. 27. Hodekscher Abscheider für stehende Anordnung.

Die Abb. 27 stellt den Hodekschen Abscheider zum Einbau in vertikaler Brüdenleitung dar. Bei dieser Anordnung werden

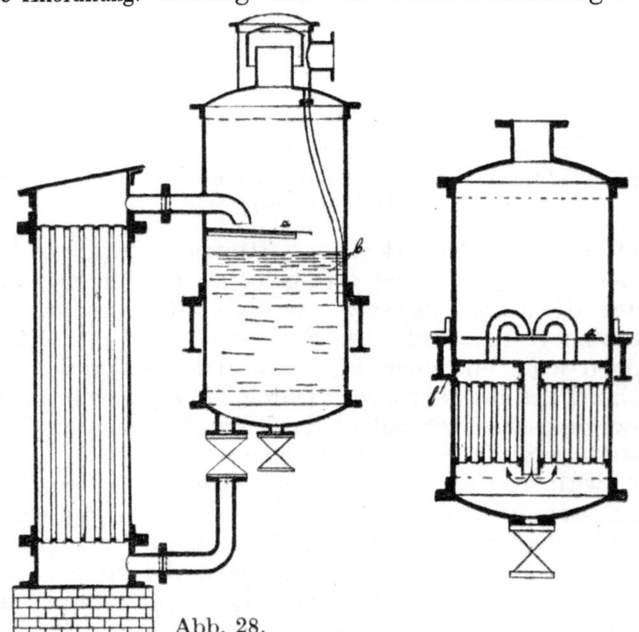

Abb. 28.
Verdampfer mit eingebauter Schaumplatte.

die Siebplatten nicht, wie bei der horizontalen, nur teilweise, sondern ganz gelocht; sie erhalten sämtlich nach der Seite a

hin geneigte Lage, so daß sich die auf jedem Boden ausgeschiedenen Saftteile hier ansammeln und durch das Sieb
zurückfließen können, um durch den Rücklaufstutzen b
wieder zum Verdampfapparat zu gelangen. Die über dem
Brüdeneintrittsstutzen c angeordnete Prellhaube sorgt bereits
für eine erste Ausscheidung der mit den Brüden eintretenden
Flüssigkeit.

Die Abb. 28 und 29 zeigen eine weitere, einfachere Form
eines in Verdampfapparaten selbst angeordneten Schaumabscheiders, der in der Hauptsache aus
der Prellplatte a besteht. Das nach unten
gebogene, in den Flüssigkeitsraum eintretende Ausgangsrohr des seitlich angeordneten Heizkörpers schleudert das
Gemisch von Flüssigkeit und Dampf auf
diese Schaumplatte, wodurch eine ziemlich weitgehende Trennung des Gemisches
erreichbar sein soll. Die dampfbeladene
Flüssigkeit breitet sich, in den Flüssigkeitsraum zurückfließend, in dünner
Schicht auf der Platte a aus, was den
Dampfblasen, da sie keine höhere Flüssigkeitsschicht zu durchdringen haben, Gelegenheit gibt, sich von der Flüssigkeit
leicht zu trennen. Die Abb. 29 stellt diese
Form des Abscheiders nachträglich in
einem Robert verdampfer eingebaut dar,
dessen Anordnung und Wirkung nach der
zu Abb. 28 gegebenen Erläuterung ohne
weiteres verständlich erscheint. Dieser
Abscheider bietet demnach ebenfalls den

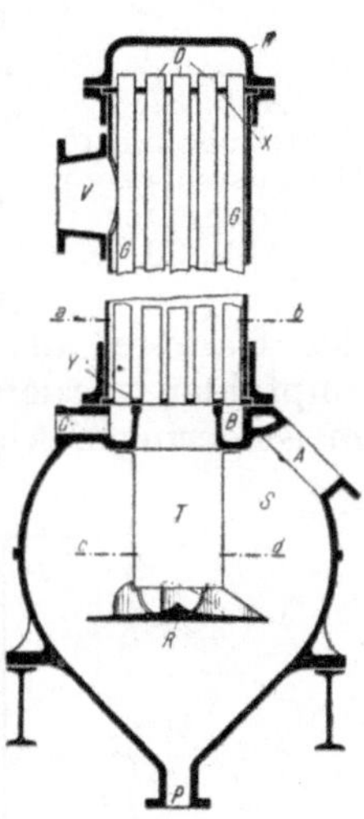

Abb. 30. Verdampfer
mit Zentrifugalplatte
zur Trennung von
Flüssigkeit u. Dampf.

Vorteil der Anwendung recht niedriger Brüdenräume ohne
Gefahr für das Mitreißen.

Kleine Brüdenräume sind indessen auch bei den sog.
Kletterverdampfern in Gebrauch[15]). Die hier üblichen Abscheider werden aus sog. Zentrifugalplatten gebildet, von
denen Abb. 30 und 31 eine praktische Ausführungsform darstellen. Den Einbau einer solchen Zentrifugalplatte zeigt
Abb. 30. Der Austritt des in dem inneren Rohrbündel D
absteigenden Dampf- und Flüssigkeitsgemisches erfolgt durch
ein Sammelrohr T gegen die Zentrifugalplatte R, die das

---

[15]) Vgl. Hugo Schröder, Der Entwicklungsgang der Verdampfapparate, Chem. Apparatur **2**, 129, 130 u. 139 (1915).

Flüssigkeitsgemisch unter Erteilung einer drehenden Bewegung gegen die Wände des kugelförmigen Gehäuses

Abb. 31.
Zentrifugalplatte
(Draufsicht) zum
Verdampfer
Abb. 30.

schleudert, worauf der dadurch abgeschiedene Dampf durch den Stutzen A entweicht,
während die eingedampfte Flüssigkeit durch
den unteren Stutzen P des Apparates abgezogen wird. Die Wirkung dieser Einrichtung
beruht also (gleich Abb. 28 und 29) auf Aus-
breitung des Dampf- und Flüssigkeitsgemisches in dünner Schicht, jedoch unter
gleichzeitiger Anwendung zentrifugaler Wirkung.

Als energisch wirkende Abscheider eignen
sich zum Einbau in der Brüdenleitung auch
eine ganze Anzahl sog. Wasserabscheider, wie
sie von Armaturenfabriken zur Entwässerung
des Dampfes in Dampfleitungen für Kraftmaschinen usw.
empfohlen werden. Diese Apparate stellen sich infolge ihrer
meist geringen Abmessungen und der gegossenen Ausführung

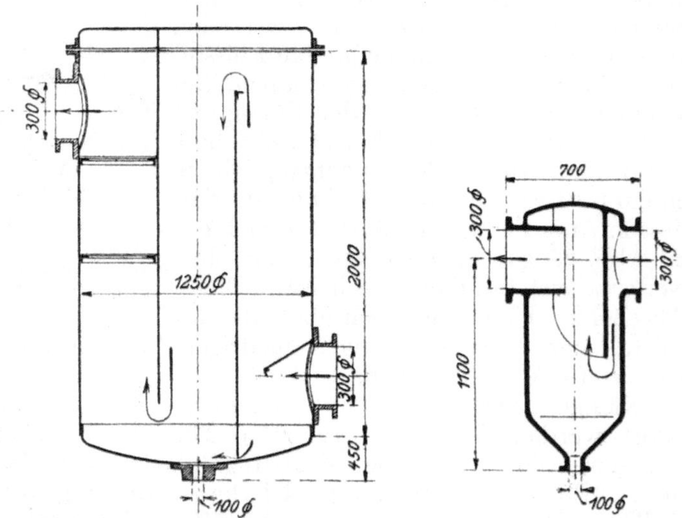

Abb. 32. Vergleichende Darstellung der Abmessungen eines schmiede-
und eines gußeisernen Abscheiders für 300 mm lichte Abschlußweite.

gewöhnlich im Preise weit günstiger als die aus Blechen her-
gestellten, im Durchschnitt viel zu großen Abscheider (z. B.
die Hodeksaftfänger), auch bedingen erstere aus dem gleichen

Grunde viel geringere Wärmeverluste. Dem Verfasser ist ein Fall bekannt geworden, in dem für eine Verdampfanlage die in der Brüdenleitung einzubauenden Hodekschen Abscheider für 300 mm lichte Anschlußweite sich auf 1500 Mark für das Stück stellten. Bei einer Vergrößerung dieser Anlage gelangten gegossene Abscheider viel kleinerer Abmessung, die, wie durch Untersuchung festgestellt wurde, eine bessere Wirkung erzielten, zur Anwendung. Ihr Preis betrug jedoch bei gleicher Anschlußweite nur 400 Mark für das Stück. Die Abb. 32 bringt einen maßstäblichen Vergleich der Unterschiede in den Abmessungen beider Apparate.

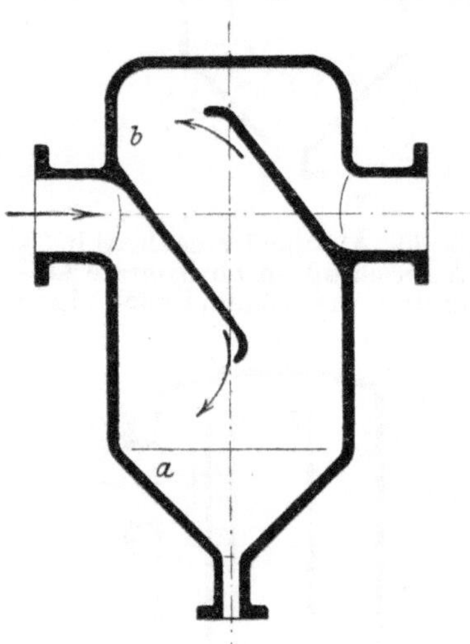

Abb. 33. Gegossener Abscheider mit zweifachem Richtungswechsel des Dampfes.

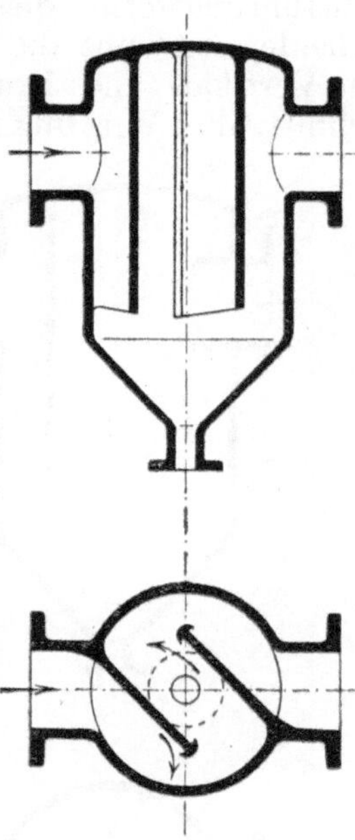

Abb. 34. Gegossener Abscheider mit zweimaligem Richtungswechsel des Dampfes.

Auf diese Möglichkeit der Ermäßigung der Anlagekosten von Verdampfanlagen scheint man seither jedoch noch wenig aufmerksam geworden zu sein, jedenfalls ist dem Verfasser nur ein einziger Fall der Praxis zur Kenntnis gelangt. Unter Hinweis auf diese Tatsache seien deshalb nachfolgend noch einige gut wirkende, gegossene Abscheider erwähnt, deren Anwendung unter gewissen Bedingungen empfohlen werden kann, und die als Motive auf dem Konstruktionstisch zu verwenden sind.

Einen solchen Abscheider für horizontale Leitung veranschaulicht Abb. 33, er erteilt dem Dampfe einen zweimaligen Richtungswechsel um 180°, wobei die Flüssigkeitsteile dem Dampfstrom nicht zu folgen vermögen und auf die Flächen a und b geschleudert, also ausgeschieden werden. Eine ähnliche Ausführungsform dieser Abscheider zeigt uns die Abb. 34 im Vertikal- und Horizontalschnitt, ihre Wirkung ist ohne

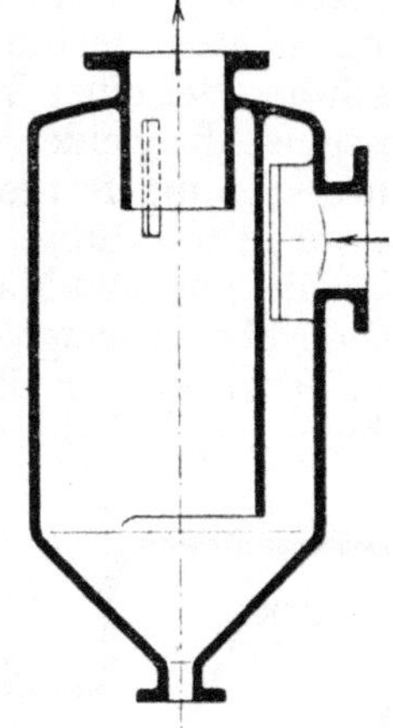

Abb. 36. Abscheider nach Abb. 34 zum Anschluß an horizontale Leitung und Ausströmung nach oben.

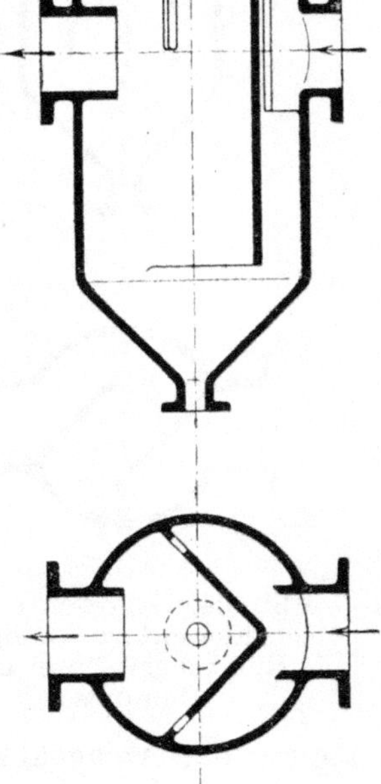

Abb. 35. Auf Prellwirkung und Richtungswechsel beruhender gegossener Abscheider für horizontale Leitung.

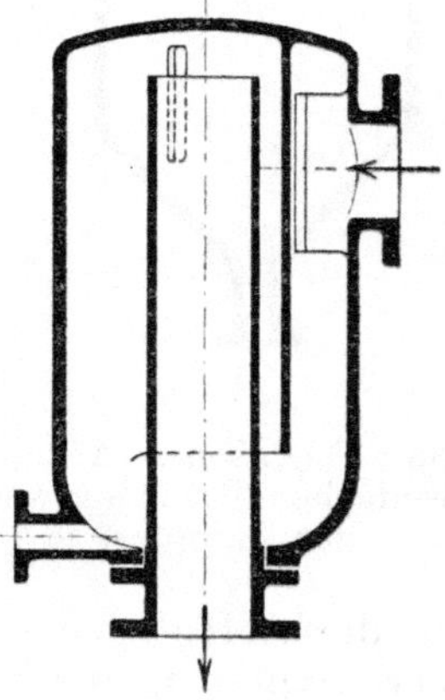

Abb. 37. Abscheider nach Abb. 34 zum Anschluß an horizontale Leitung u. Ausströmung nach unten.

weiteres verständlich. Auf Prellwirkung in Verbindung mit Richtungswechsel beruht die Wirkung des Abscheiders nach Abb. 35, welcher ebenfalls für horizontale Leitung gebaut ist. Die nach gleichem Prinzip vorgesehenen Abscheider nach Abb. 36 und 37 vermögen infolge ihrer um 90° versetzten Anschlußstutzen gleichzeitig zum Ersatz von Krümmern in der Brüdenleitung zu dienen. Das Prinzip eines Abscheiders stellt auch Abb. 38 dar. Die auf der Sohle der Brüdenleitung mit dem Dampf eintretende Flüssigkeit lenkt zunächst die Wand a ab. Die Schaumteile werden durch b zurückgehalten und die noch verbleibenden Schaumblasen beim Richtungswechsel um c zerstört. Die vorsprin-

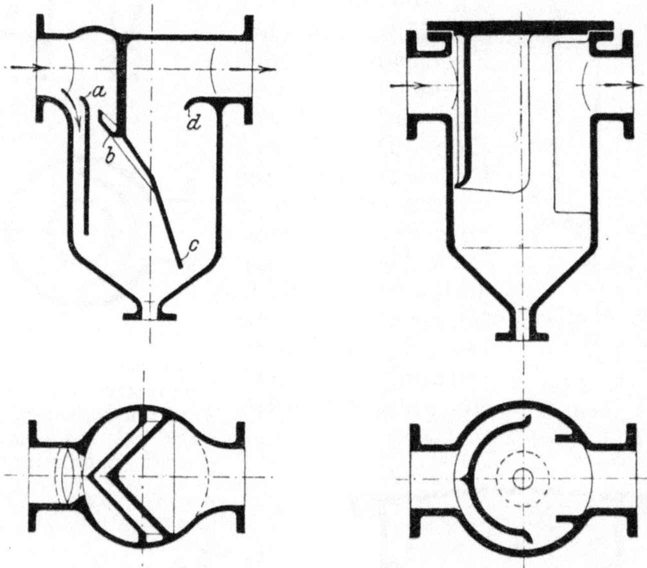

Abb. 38. Gegossener Abscheider für horizontale Leitung.

Abb. 39. Gegossener Abscheider mit Prellwirkung für horizontale Leitung.

gende Nase d verhindert das Mitgehen etwa noch aufsteigender Flüssigkeitsteile in die Brüdenleitung. Die Wirkung dieses Abscheiders beruht also ebenfalls auf Prellwirkung und Richtungswechsel, und zwar in günstiger Form der Ausnützung des Prinzipes.

Die vorstehend abgebildeten gegossenen Abscheider stellen Typen von aus einem Stück gegossenen dar, sie sind demnach im Innern nicht zugänglich. Für manche Fälle in der chemischen Industrie mag indessen auch die Zugänglichkeit der Schaumabscheider erforderlich sein. Darauf berechnete

Bauarten lassen die Abb. 39, 40 und 41 erkennen; sie machen ebenfalls die Prellwirkung und teilweisen Richtungswechsel als Arbeitsprinzip nutzbar, ihre Arbeitsweise bedarf deshalb weiterer Erläuterung nicht. Die Abb. 42 veranschaulicht einen ebenfalls zu öffnenden Abscheider, dessen Wirkung durch den Einbau eines aus Eisenspänen oder dgl. gebildeten Filters erzielt werden soll, welchen Dampf und Flüssigkeit passieren müssen. Die Abb. 43 zeigt einen geschlossenen Abscheider mit dreifachem Richtungswechsel um 180°. Wenn auch die Wirkung desselben eine gute sein dürfte,

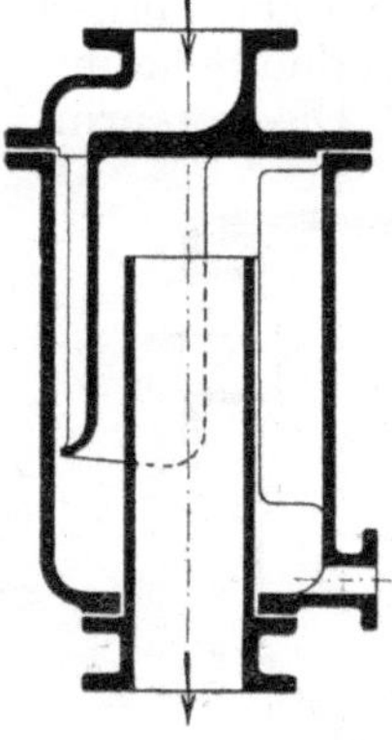

Abb. 40. Abscheider nach Abb. 38 für vertikale Leitung (Eintritt von oben).

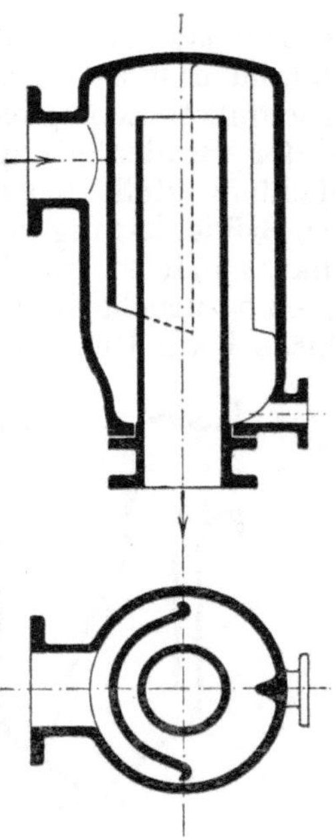

Abb. 41. Abscheider nach Abb. 38, jedoch für horizontalen Eintritt u. vertikalen Austritt (nach unten).

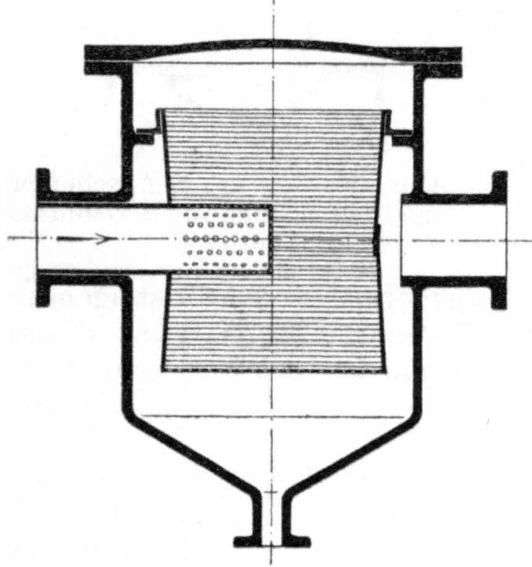

Abb. 42. Zu öffnender Abscheider mit Filtermasse versehen.

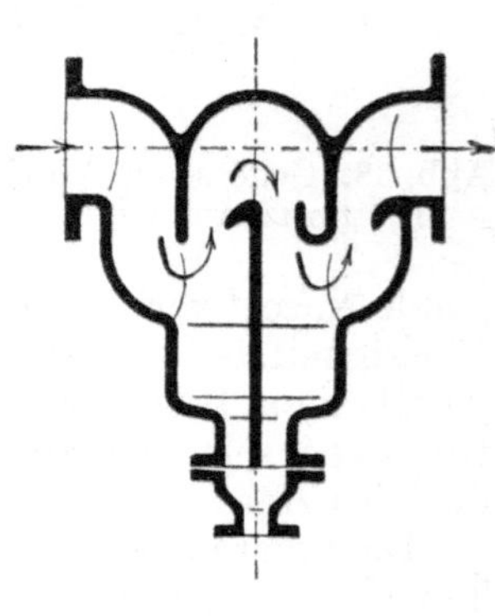

Abb. 43. Gegossener Abscheider mit dreifachem Richtungswechsel.

so erfordert doch seine Herstellung die Anwendung kostspieliger Modelle, deren komplizierte Bauart leicht Fehlgüsse verursachen kann. Ein amerikanisches Erzeugnis[16) stellt die Abb. 44 dar, und zwar einen Abscheider mit Spiralen. Der Dampf tritt von unten ein und muß darauf im Gehäuse einen aus Blechspiralen gebildeten, vorn abgeschlossenen Körper durchströmen, bevor er in den Dampfausgangsstutzen gelangen kann. Die dabei ausgeschiedene Flüssigkeit wird durch das Ventil a abgezogen, eine etwaige Anstauung von Flüssigkeit im Gehäuse des Abscheiders läßt der Flüssigkeitsstand erkennen.

Zu bemerken ist, daß die Abscheider Abb. 32 bis 43 auch direkt im Innern der Verdampfapparate vor dem Brüdenaustrittsstutzen eingebaut werden können (vgl. Abb. 17), wodurch die bei äußerer Anordnung der

Abb. 44. Abscheider mit eingebauten Spiralen.

Abscheider bedingten Wärmeverluste in Fortfall kommen.

V. Die Abscheidevorrichtungen und die Verdampfer betreffend Mitreißen von Flüssigkeit in der deutschen Patentliteratur.

Äußerst zahlreich sind die von Erfindern vorgeschlagenen Konstruktionen zur Zerstörung und Abscheidung des Schaumes bzw. der beim Verdampfprozeß im Dampfstrom enthaltenen Flüssigkeit, weshalb die spezielle Patentliteratur für den Konstrukteur chemischer Apparate ein so wertvolles Feld von Anregungen darstellt, daß auf deren Behandlung

---

[16) Siehe „Power" **40**, 97 (1914).

wenigstens in den Hauptzügen an dieser Stelle nicht verzichtet werden soll. Vorauszuschicken ist allerdings, daß auch auf diesem Gebiete die wertlose Verschwendung von viel geistiger Energie und von Geldwerten beobachtet werden kann, indem Patentschutz für Konstruktionen nachgesucht und erteilt wird, deren Wertlosigkeit von vornherein in die Augen springt. Diese Tatsache dürfte indessen zum großen Teil auf die diesbezügliche, seither in der Literatur bestehende Lücke zurückzuführen sein, indem Berichte über Erfolge und Mißerfolge mit Schaumabscheidern nicht erfolgten und so von den Nachfolgern immer wieder „erfunden" werden mußte, was von den Vorgängern längst als wertlos erkannt und aufgegeben wurde, ein Zustand, durch den auch auf zahlreichen anderen Gebieten der Technik das Volksvermögen alljährlich beträchtliche Schädigung erfährt. Es kann daher das Verdienst der Fachzeitschriften wie überhaupt der Literatur, derartigen Mißständen entgegen zu wirken, nicht hoch genug eingeschätzt werden.

Nach D. R. P. Nr. 222277 will der Erfinder Flüssigkeiten ohne Erwärmung konzentrieren, also ohne Verdampfung und ohne Schaumbildung. Das Verfahren beruht auf der Erscheinung der Osmose. Es sind nämlich Pflanzenmembranen oder künstlich erzeugte Niederschlagsmembranen bekannt, die halbdurchlässig sind, die die gelösten Stoffe (Kristalloide), die ausgeschieden werden sollen, hindurchtreten lassen, jedoch nicht das Lösungsmittel, oder umgekehrt. Ein anderes Verfahren zur Umwandlung von Meerwasser in Trinkwasser ohne Anwendung von Wärme schützte das D. R. P. Nr. 82082, das darauf beruht, daß man Meerwasser entweder unter künstlichem Druck oder unter hydrostatischem Druck durch Holz preßt, wobei das Wasser die gelösten Salze sowie seine sonstigen Beimengungen an die Holzzellen abgibt und als „süßes Trinkwasser" aus dem Holz austritt. Dem praktischen Erfolg dieses Vorhabens dürften doch einige Bedenken entgegenstehen.

Derartige Verfahren gehören allerdings anderseits nur indirekt zur Sache, es soll aber durch diese kleine Abschweifung gezeigt werden, auf welchem indirekten Wege unter Umständen auch ein verlustfreies Konzentrieren in bezug auf das Mitreißen erfolgen könnte.

Eins der ältesten Patente, nämlich das D. R. P. Nr. 300, schützte die Anwendung von Mischungen von Fetten und Schwefelsäure zur Verhütung des Steigens kochender oder

Kohlensäure entwickelnder Flüssigkeiten. Der Erfinder L. d'Henry in Lille sagt dazu, daß „man das beim Einkochen von Zuckersäften oft so unangenehm auftretende Übersteigen und Aufkochen derselben wie bekannt durch Zusatz von gewissen Fetten zu mildern und unschädlich zu machen sucht. In welcher Weise diese Stoffe die gewünschte Wirkung hervorbringen, ist bis jetzt noch nicht erforscht."

„Ausgedehnte Versuche haben den Erfinder auf eine Gruppe chemischer Verbindungen geführt, welche die erwähnte Eigenschaft der Fette in bedeutend höherem Maße als diese besitzen und die vielseitigste Anwendung in der Zuckerfabrikation und verwandten Industrien, dem Gährungsgewerbe usw. gestatten."

„Der Erfinder hat diesen Verbindungen den Namen ‚Vaporine' beigelegt, um damit anzudeuten, daß dieselben die Entwicklung von Gasen und Dämpfen begünstigen. Man erhält sie durch Vereinigung von Schwefelsäure mit neutralen Fetten oder Fettsäuren, gleichviel welcher Natur oder Herkunft dieselben sind; außerdem gehören hierzu die Derivate, welche man erhält, wenn man diese Verbindungen mit kaltem oder heißem Wasser behandelt."

Andere Erfinder wollen die Vernichtung des Schaumes siedender Flüssigkeit in Verdampfapparten durch die Anwendung schnell umlaufender Rührwerke und dgl. unglaubliche Einrichtungen bewirken.

Die Schaumzerstörungs- und Abscheidevorrichtungen für Flüssigkeiten sind in den verschiedensten Patentklassen enthalten. Die Klasse 12a, Gruppe 1 und 2 behandelt z. B. Kochen für chemische Zwecke und das Eindampfen und Konzentrieren für chemische Zwecke. Ferner Klasse 13d, Gruppe 26: Dampfentwässerer mit Fliehkraftwirkung und sich drehende Dampfentwässerer. Gruppe 27: Dampfentwässerer mit Prallflächen (Sieben, Winkeleisen, Terrassen usw.). Gruppe 28: Dampfentwässerer mit Ablenkung des Dampfes. Gruppe 29: verschiedene Dampfentwässerer. Gruppe 30: Dampfentöler.

Dann Klasse 14 g, Gruppe 8: Ölabscheider für Dampfmaschinen. Klasse 34 l, Gruppe 5: Milchkocher und Vorrichtungen zum Verhüten des Überkochens. Klasse 85a, Gruppe 1: Reinigung von Trinkwasser durch Pasteurisieren und Herstellung von destilliertem Wasser und endlich Klasse 89, Gruppe 1—3: Oberflächenverdampfer (Rieselverdampfer, plattenförmige Verdampfer, Verdampfer mit rotierendem

Heizkörper), Umlaufverdampfer und Verkocher, Mehrkörperverdampfer und insbesondere Gruppe 5: verschiedene Hilfsvorrichtungen für Verdampfer (Schaumdämpfer, Saftfänger usw.).

Eine „Vorrichtung zur Verhütung der übermäßigen Schaumbildung beim Kochen, Erhitzen oder Verdampfen von Flüssigkeiten" schützte das D. R. P. Nr. 51701 vom 19. Oktober 1889. Zwei Ausführungsformen dieser Erfindung veranschaulicht Abb. 45. Da die Schaumbildung, so sagt der Erfinder, im Entstehen nicht verhindert werden

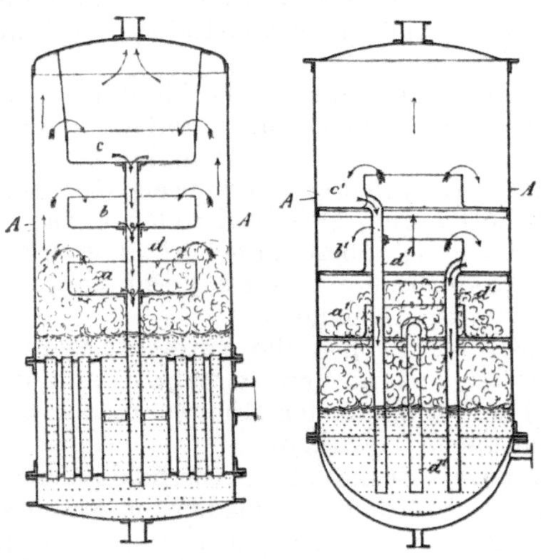

Abb. 45. Zwei Ausführungsformen von Schaumdämpfern nach
D. R. P. Nr. 51701.

kann, so wird gemäß der Erfindung das Aufblähen des Schaumes durch Aufnahme von Dampf dadurch unmöglich gemacht, daß man den gebildeten Schaum dem Einfluß des Dampfes entzieht, so daß letzterer frei entweichen kann. Dies wird dadurch erreicht, daß man in dem Dampfraum, welcher zweckmäßig sehr groß gewählt wird, besondere Behälter anbringt, die den Schaum aufnehmen und ihn auf diese Weise dem Einfluß des Dampfes entziehen. Der in diesen Behältern angesammelte Schaum, welcher von dem aufsteigenden Dampf nicht mehr weiter aufgebläht wird, kann sich dann in der Ruhe absetzen und wieder zu Flüssigkeit verdichten, die mittels Rohren der zu verdampfenden

Flüssigkeit wieder zugeführt wird. In dem Verdampfraum des in Abb. 45 linksseitig dargestellten Apparates sind die Behälter a, b, c ... eingebaut, die kreisförmige Schalen mit hohem Rand darstellen, über den der entwickelte Schaum sich in der angedeuteten Weise im Sinne der gefiederten Pfeile ergießt. Der nach oben steigende Dampf stößt sich an der unteren Fläche der Schalen und steigt in dem Zwischenraum zwischen Mantel A des Verdampfapparates und den Schalen im Sinne der einfachen Pfeile in die Höhe, ohne den in den Schalen angesammelten Schaum weiter zu beeinträchtigen oder aufzublähen. Der in diesen Schalen angesammelte Schaum kann sich also ruhig absetzen und die aus dem Schaum verdichtete Flüssigkeit fließt durch das Rohr d wieder in den unteren Teil des Verdampfapparates zurück.

Anstatt die Schalen in die Mitte des Behälters anzuordnen, können dieselben auch, wie das zweite Beispiel rechtsseitig zeigt, in Form von Ringen mit hohen Rändern an dem Mantel A des Verdampfapparates befestigt werden. Der aus der Flüssigkeit entwickelte Schaum steigt auch hier über die Ränder der Schalen a^1, b^1, c^1 ... und lagert sich in denselben, während der Dampf in der Mitte des Apparates hochsteigt, ohne das Verdichten des in den Schalen a^1, b^1, c^1 ... abgesetzten Schaumes zu Flüssigkeit zu verhindern. Die aus dem Schaum verdichtete Flüssigkeit gelangt auch hier durch Rohre d^1 in den unteren Teil des Apparates zurück.

Die Anzahl der einzelnen Behälter, in denen sich der Schaum absetzen und verdichten kann, richtet sich nach der Menge des von der Flüssigkeit entwickelten Schaumes, indessen genügen schon wenige Schalen, um jede schaumbildende Flüssigkeit verarbeiten zu können.

Der Erfinder scheint aber doch von der Wirkung seiner Bauart nicht befriedigt gewesen zu sein, als er das inzwischen abgelaufene D. R. P. Nr. 70022 als Zusatzpatent zu seinem D. R. P. Nr. 51701 nahm. Die Verbesserung der in Abb. 46 dargestellten Einrichtung bezieht sich auf die durch das Hauptpatent geschützte Vorrichtung und besteht im wesentlichen darin, daß in einiger Entfernung über der Öffnung, durch die der Schaum in die als „Behälter" a, b, c, a^1, b^1, c^1 bezeichneten Räume gelangt, Scheidewände angeordnet werden, welche den Schaum seitlich ablenken und behufs Absetzens in die Behälter überführen. Man erreicht auf diese Weise eine frühzeitige Trennung des Schaumes von dem reinen Dampf und vermeidet den sonst etwa eintretenden

Übelstand, daß der Schaum allzu hoch in dem Saftkocher
emporsteigt und eventuell sogar in das Dampfableitungsrohr
hineingelangt.

Da beim Verdampfen verschiedenartiger Flüssigkeiten
die Dampfentwicklung und Schaumbildung eine verschieden
starke ist, so empfiehlt es sich, die Scheidewände in der
Höhenrichtung verstellbar anzuordnen, derart, daß sie bei
starker Dampf- und Schaumbildung zur Vermeidung einer
Drosselung an den Mündungen der Sammelräume höher gestellt, bei schwacher Dampfentwicklung und Schaumbildung
hingegen tiefer angeordnet werden können.

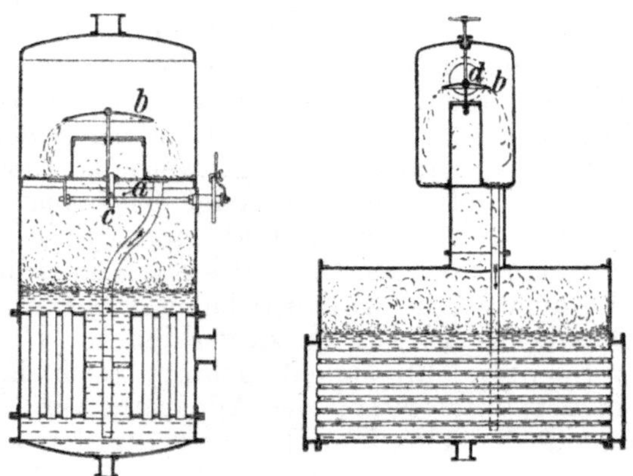

Abb. 46. Schaumdämpfer nach D. R. P. Nr. 70 022 als Zusatzpatent
zu D. R. P. 51 701.

Die rechtsseitig dargestellte Bauart der Abb. 46 stellt
einen Apparat dar, bei dem nur ein ringförmiger Sammelraum a vorhanden ist, dessen mittlere Öffnung durch ein
mittels Exzenters von der Außenseite des Apparates in der
Höhenrichtung verstellbares Blech b überdeckt wird. Anstatt des einen Sammelraumes a können auch mehrere verwendet werden. Der Erfinder zieht es indessen bei Anwendung der Scheidewand b vor, einen Sammelraum zu benutzen,
da derselbe sich in der Praxis infolge der raschen Trennung
des Schaumes vom Dampf durch das Blech b als ausreichend erwiesen hat. Bei der rechtsseitig dargestellten
Ausführungsform wird die Verstellung der Scheidewand b
durch eine von außen mit Handrad zu drehende Spindel

bewirkt. Die Scheidewand *b* kann anstatt der in den Figuren
dargestellten flach gewölbten Form auch eine ebene oder
eine konische Form aufweisen, je nach der Gestalt der
Sammelräume, welche anstatt horizontaler Böden ebenfalls
gewölbte oder schräg nach oben oder unten verlaufende,
eventuell durchlöcherte Bodenbleche besitzen können.

Die gleiche Wirkung soll nach dem ebenfalls abgelaufenen
D. R. P. 110972 dadurch erreicht werden, daß an Stelle der
einen einstellbaren Prellhaube deren mehrere, aber von
kleinerem Durchmesser, in einem Verdampfer zur Anwendung gelangen, welche als entsprechend
belastete, selbsttätig schließende Teller-
ventile gebaut sind. Durch rechtskräftige
Entscheidung des Kaiserlichen Patent-
amtes vom 15. Januar 1903 wurde dem
Erfinder ein Schutz zuerkannt auf eine
Vorrichtung zur Verhütung des Schäumens beim Eindampfen schaumbildender
Flüssigkeiten, deren Dampfraum (Abb. 47)
durch einen Boden *a* in zwei Teile *A*
und *B* geteilt ist, von denen der obere
durch kurze Rohre und ein Einhänge-
rohr *b* mit dem Flüssigkeitsraum des
Verdampfapparates in Verbindung steht,
derart, daß bei eintretender Verdampfung
unterhalb des Bodens ein Dampfraum *A*
von höherer Spannung entsteht als über
dem Boden, dadurch gekennzeichnet, daß
die kurzen Rohre entweder in die Flüssig-
keit eintauchen oder mit Ventilen belastet sind (vgl. rechts-
seitige kleine Skizze), wodurch bewirkt wird, daß beim Über-
treten der Schaumblasen aus dem unteren Raum, wo die
Blasen entstehen, in den oberen, wo der Dampf entnommen
wird, der innerhalb der Schaumblasen eingeschlossene Dampf
expandiert und die Blasen zum Platzen gebracht werden [17]).

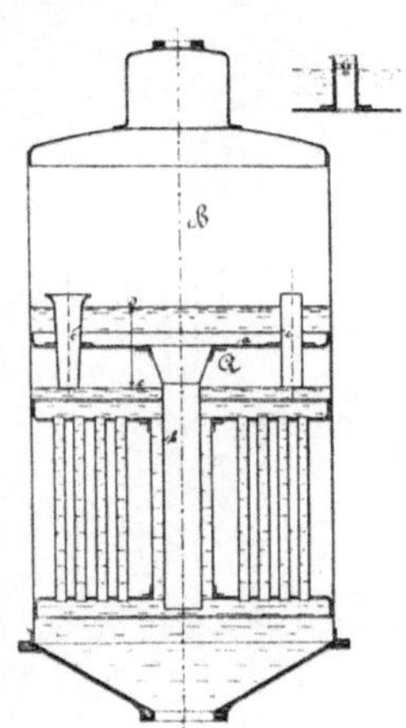

Abb. 47. Verdampfer
nach D.R.P. 110972.

Die durch Abb. 46 und 47 verkörperten Bauarten von
Abscheidern haben sich in Wirkung selbst bei stark schäumenden Flüssigkeiten hervorragend bewährt, was ihnen in
der Praxis weiteste Verbreitung ermöglicht hat.

Nach der in der Patentschrift Nr. 14015 gegebenen Beschreibung betreffend „Verfahren und Apparate zur Verdampfung der Mutterlaugen in der Kalifabrikation" soll der

---

[17]) Vgl. auch Chem. Apparatur **2**, 91 (1915).

aus mit niederer Spannung arbeitenden Kesseln stammende,
sehr wässerige Brüdendampf, um ihn zur weiteren Verwendung als Heizdampf für Verdampfapparate nutzbar bzw.
geeignet zu machen, vorher durch Röhrentrocken- und Über-
hitzungsapparate geleitet werden, die die aus den Kesselfeuerungen abziehenden Heizgase durchströmen, ein zur
Erzeugung trocknen Dampfes theoretisch wohl ideales, aber
im übrigen praktisch wertloses Verfahren, weil sich die Heiz-

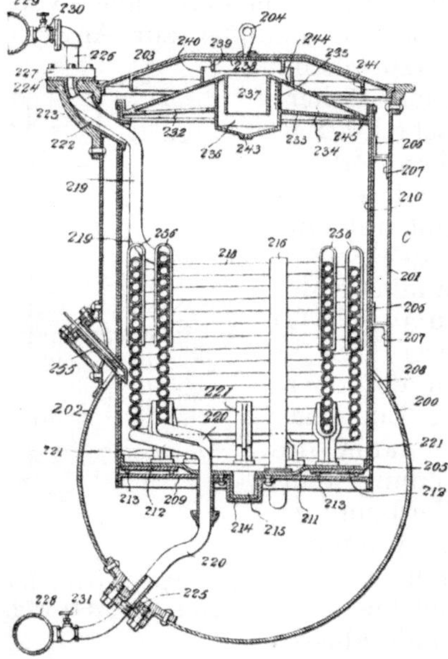

Abb. 48. Apparat zum Konzentrieren
von Säuren nach D. R. P. Nr. 136996.

röhren schnell mit den Ver-
dampfrückständen aus der
mitgerissenen, stark salzhaltigen Lauge belegen und
wirkungslos werden müssen.

D. R. P. Nr. 136996
schützte den durch Abb. 48
wiedergegebenen Apparat,
in dem man mit Dampf
bzw. Wasser angereicherte
Flüssigkeit, vorzugsweise
Säure, konzentrieren soll.
Der aus der heißen Säure
aufsteigende Wasserdampf
nimmt eine gewisse Menge
von Säure mit, deren Rückführung nach dem Behälter
erwünscht ist. Um dies zu
erzielen, ist das innere Gefäß 210 mit einem Bleideckel
versehen. Der Dampf geht
zuerst durch eine Öffnung
232 der unteren Wand 233
des Bleideckels in einen

Raum 234. Alsdann gelangt der Dampf durch Öffnungen 235
in einen zylindrischen Raum 236, in dem er gegen einen
abwärts gerichteten Flansch 237 stößt. Hierdurch wird der
Dampf nach dem Boden der Kammer 236 geleitet und alsdann im Innern des zylindrischen Flansches 237 gegen das
Bleifutter 238 des äußeren Deckels 203 geführt. Hier geht der
Dampf zwischen die ineinandergreifenden Flansche 239 und
240 der beiden Deckel hindurch, so daß er gegen die äußeren
Teile des Bleifutters 238 und speziell gegen einen an diesem
angebrachten Flansch 241 stößt. Sobald der Dampf an diesem
Flansch vorbeigegangen ist, strömt er durch den Zwischen-

raum zwischen den Gefäßwandungen 201 und 205 in den gemeinsamen Behälter 200 und schließlich durch eine Leitung nach einem Kondensator *c*, welcher mit einer Vakuumpumpe verbunden ist.

Es ist ersichtlich, daß der Dampf zuerst gegen die konische obere Wand des inneren Deckels trifft, dann einen Halbkreis beschreibt, wodurch infolge der Zentrifugalkraft die unverdampfte Säure aus dem Dampf ausgeschieden wird, daß dann der Dampf gegen die zylindrische Wandung 237, dann gegen den Boden der Kammer 236, dann gegen das Futter 238 und schließlich gegen die Flanschen 239 und 240 stößt. Auf diese Weise soll, was uns fraglich erscheint, alle mitgerissene Säure ausgeschieden werden und durch geeignete Öffnungen 243, 244 und 245 und die Öffnung 232 in das Gefäß zurücklaufen.

Auf die in den Patentschriften Nr. 177 304, 199 689, 208 547, 232 088 und 226 106 beschriebenen Abscheider sei an dieser Stelle nur verwiesen (vgl. auch Abb. 30 und 31), sie sind in dem schon in den voraufgehenden Seiten genannten Aufsatz: „Der Entwicklungsgang der Verdampfapparate" ebenfalls behandelt worden, ebenso die Abscheider nach D. R. P. Nr.

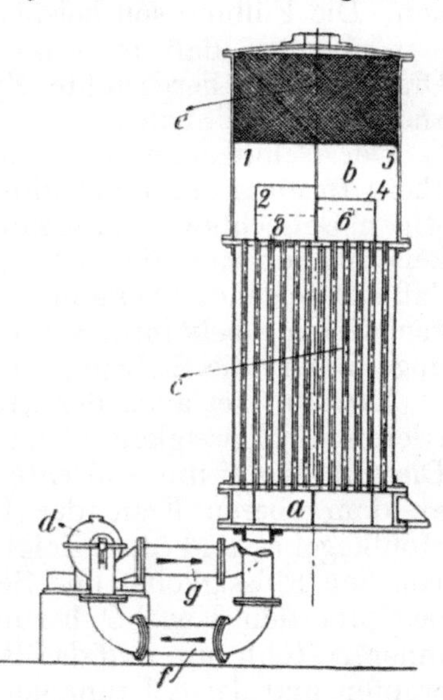

Abb. 49. Verdampfer mit Schaumabscheider aus Siebgeflechten nach D. R. P. Nr. 199 145.

220 485 und 252 038 (siehe auch Chem. Apparatur 2, 140 [1915], Abb. 29).

Einen „Verdampfer mit getrennten Kammern und eingebautem Röhrenheizkörper für salzausscheidende Flüssigkeiten" schützt das D. R. P. Nr. 199 145 (siehe Abb. 49). Der Erfinder spricht von den Mißständen bei ähnlichen Apparaten, die darin bestehen, daß infolge Mitreißens von Flüssigkeitstropfen aus der zu verdampfenden Flüssigkeit stets das Niederschlagswasser des nächstfolgenden Körpers durch Salzlösung verunreinigt ist und infolgedessen nicht zum Kesselspeisen usw. benutzt werden konnte. Die Anwendung besonderer Tropfenfänger bekannter Art zwischen den einzelnen Verdampfkörpern verteuerte diese Anlagen derart, daß auch hierdurch ihre Anwendbarkeit in Frage gestellt wurde.

Um aber die Anordnung von besonderen Tropfenfängern, die meist die Form eines in einem besonderen Dome angeordneten Siebes besitzen, zu vermeiden, soll der Brüdenraum e im Verdampfkörper mit einem Gewebe oder Geflecht von Draht vollständig ausgefüllt werden, an dem die mitgerissenen Flüssigkeitsteilchen sich ansetzen und wieder abtropfen können. Die Füllung soll beispielsweise in der Weise vorgenommen werden, daß man im Brüdenraum schichtweise aus Drahtgeflecht hergestellte Zylinder oder Kästen nebeneinanderliegend einbaut.

Der Schutzanspruch lautet demgemäß dahin, daß der obere Brüdenraum e vollständig mit Drahtgeflecht oder sonstigem Geflechtswerk zum Zurückhalten mitgerissener Flüssigkeitsteilchen ausgefüllt ist. Es erscheint uns ausgeschlossen, daß aufsteigende Schaummassen durch derartige Einrichtungen wirklich bekämpft werden können, sie dürften vielmehr ungehindert die Siebeinlagen durchströmen.

Erwähnt sei auch der „Röhrenverdampfer zum Konzentrieren von Flüssigkeiten" nach D. R. P. Nr. 261 688 (Abb. 50). Die mit Dampf untermischte, fein zerteilte Flüssigkeit strömt an dem oberen Ende der Röhren aus, tangential zu dem Hohlkegel C, und hier erfolgt nun die Trennung des Dampfes von den Flüssigkeits- und Schaumteilchen. Der Dampf wirbelt um den Kegel C herum und entweicht durch dessen inneren Hohlraum und das Rohr G, während die Flüssigkeitstropfen und der Schaum sich unter der Wirkung der Zentrifugalkraft an den Wandungen des Hohlkegels niederschlagen und nach unten rieseln sollen.

Ein „Verfahren nebst Vorrichtung zum Eindampfen von stark schäumenden, insbesondere eiweiß- und ölhaltigen Flüssigkeiten" schützt das D. R. P. Nr. 283 444. Nach Auffassung des Erfinders bot das Eindampfen einiger, zu starkem Schäumen neigender Flüssigkeiten bis heute infolge „Fehlens einer geeigneten Verdampferkonstruktion" so große Schwierigkeiten, daß man auf eine solche meist verzichtete, obwohl große wirtschaftliche Vorteile mit der Eindampfung verbunden sind. Solche Flüssigkeiten enthalten meist gelöstes Eiweiß, Dextrin, Öl und andere bei Siedebeginn sofort in Schaum übergehende Stoffe. Hierher gehört (nach dem Erfinder) z. B. die Sulfitablauge von Holzzellstoffabriken und besonders solcher, die vorzugsweise Kiefernholz verarbeiten. Sobald diese Lauge beim Sieden über 110° C erhitzt wurde, war kein Mittel imstande, ein Überschäumen derselben zu verhindern.

Die Folgen des Überreißens waren ständige Verluste der wertvollen Laugenbestandteile und weiter eine abnormale Zerstörung der mit Schaum gefüllten Heizkammern. Die Reparaturkosten solcher Stationen waren teilweise sehr groß.

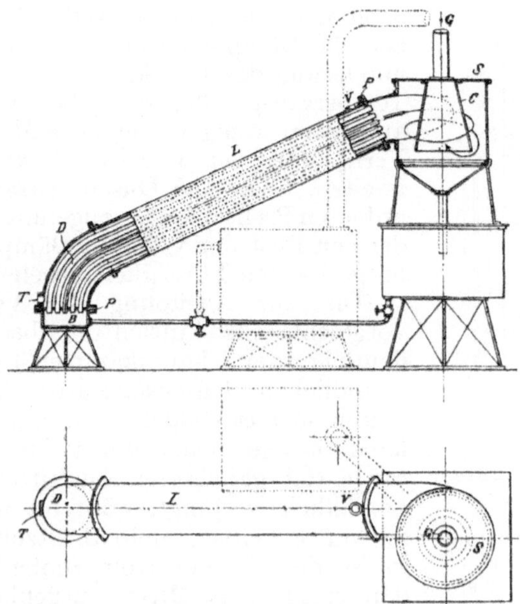

Abb. 50. Röhrenverdampfer mit Zentrifugal-Schaumabscheider nach D. R. P. Nr. 261 688.

Beide Übelstände sollen sogar veranlaßt haben, daß man an einigen Stellen die Eindampfung ganz einstellte und die Apparate entfernte. Man verdampft nach Meinung des Erfinders heute in solchen Verdampfern nur an wenigen Stellen, wo man aus anderen Betriebsgründen trotz der Übelstände dazu gezwungen ist.

Diesen Ausführungen muß übrigens mit Nachdruck entgegengetreten werden, weil lange vor Erteilung des D. R. P. 283 444 wirksame und vielleicht noch wirksamere Abscheidevorrichtungen als diese bekannt waren und heute noch mit

bestem Erfolg in Anwendung sind. Wir kommen hierauf
später noch zurück.

Das Verfahren ist dadurch gekennzeichnet, daß die mit
Schaum und Flüssigkeitstropfen beladenen Wasserdämpfe
zunächst einen Düsenseparator mit so hoher Geschwindigkeit durchströmen, daß die Schaumblasen zerdrückt und von
den Düsenwandungen zerrieben werden, so daß der Dampf-
strahl beim Austritt aus den Düsen fast
nur noch Tropfen mit sich führt, worauf
nach Abscheidung eines Teiles der Flüssigkeit die Dämpfe unter wesentlicher Verminderung des Druckes (also Verlust an
Temperaturgefälle, eine bei Verdampfapparaten wenig vorteilhafte Maßnahme!
Verf.) und der Geschwindigkeit einem
zweiten, über dem Düsenseparator angeordneten Prellseparator zugeführt werden,
der den Rest der von den Dämpfen noch
mitgerissenen Flüssigkeit abscheidet[18]).

Die zur Ausübung des Verfahrens
vorgeschlagene Einrichtung besteht aus
dem über der Schaumkammer 3 (Abb. 51)
befindlichen Düsenseparator 8, dessen
Düsen so ausgebildet sind, daß sich der
kanalförmige Querschnitt bis zu der
tangential gerichteten Austrittsmündung
allmählich verjüngt, während über dem
Separator Leitschaufeln 8b sitzen, die den
kreisenden Brüdenstrom umlenken, um
den nach der Mitte zurückkehrenden
Dampfstrom gegen einen Prellteller zu
leiten, der in einer zweiten Trennkammer 5
angeordnet ist.

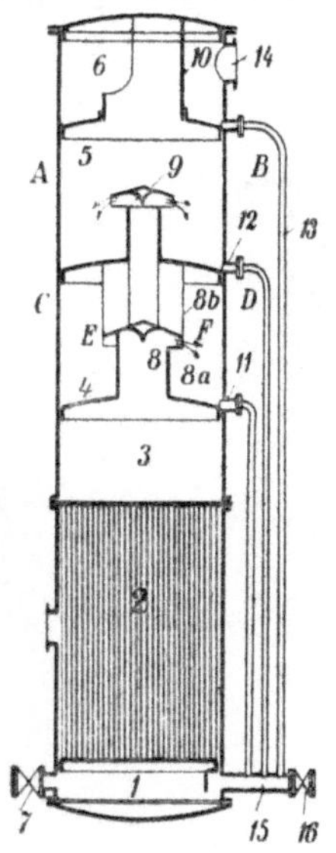

Abb. 51. Verdampfer
nach D. R. P. Nr.
283 444, der für stark
schäumende eiweiß-
und ölhaltige Flüssig-
keiten geeignet sein
soll.

Die Erleichterung der Eindampfung
von Sulfitzellstoffablaugen sollte ferner noch durch D. R. P.
74 030 angestrebt werden. Der Erfinder schreibt: „Bisher
mußten die bei der Sulfitzellstofferzeugung sich ergebenden
Kocherlaugen ungenützt in öffentliche Gewässer geleitet
werden, wodurch letztere in sehr bedeutendem Maße verunreinigt wurden; denn das Eindampfen dieser Laugen in
offenen Pfannen oder mit oberschlächtiger Feuerung und
nachfolgendem Kalzinieren zum Zwecke der Reinigung und

---

[18]) Vgl. auch Chem. Apparatur 2, 231 (1915), Abb. 8.

Weiterverarbeitung oder deren Verdampfung im Vakuum in sog. Mehrkörperapparaten ist deshalb undurchführbar, weil im ersteren Falle zufolge des großen Brennstoffverbrauches für den Fabrikbetrieb zu große Kosten sich ergeben würden, während im letzteren Falle, wo allerdings nur ein verhältnismäßig geringer Aufwand an Brennstoff notwendig wäre, die Laugen selbst bei vorhergehender Neutralisation der in ihnen enthaltenen freien Säure sehr stark schäumen und überkochen und auf den Heizröhren der Apparate bald Krusten absetzen, wodurch die weitere Verdampfung wesentlich behindert wird."

„Der Erfindung nach sollen diese Abfallaugen unter Beseitigung der genannten Übelstände zur Verdampfung im Mehrkörperapparat geeignet gemacht werden.

Dies geschieht dadurch, daß man die stark sauer reagierenden Abfallaugen und Waschwässer zunächst in größeren, mit Rührwerken versehenen Gefäßen sammelt, durch Dampf anwärmt und mit kohlensaurem Kalk und Ätzkalk oder Kalkmilch oder auch mit Ätzkalk oder Kalkmilch allein neutralisiert. Hierauf wird ein Überschuß von Ätzkalk oder Kalkmilch zugegeben und in das so hergestellte Gemisch Kohlensäure eingeblasen, bis die Flüssigkeit neutral oder ganz schwach alkalisch ist."

„Die Kohlensäure kann entweder aus einem Kalkofen entnommen oder es können die Rauchgase der Kesselfeuerungen hierzu verwendet werden. Der durch die Saturation mit Kohlensäure entstehende Schlamm, welcher kohlensauren Kalk und bedeutende Mengen organischer Substanzen enthält, wird entweder durch Absetzen oder durch mechanische Filtration von der Lauge getrennt."

„Durch diese Behandlung der Laugen werden dieselben neutralisiert und gereinigt und können in stehenden oder liegenden Vakuum-Verdampfapparaten, wie solche in der Zuckerfabrikation zum Abdampfen der Zuckersäfte verwendet werden, bis zu einer sehr hohen Konzentration von 35° Bé und darüber eingedampft werden, ohne daß starkes Schäumen und Überkochen und ein Absetzen von Krusten an den Heizflächen eintritt; die Laugen bleiben dabei stets vollständig alkalisch und greifen die Metalle nicht an."

„Das Eindampfen wird, da die in der angegebenen Weise behandelten Laugen weiter die Eigenschaft zeigen, bei einer Konzentration von über 7° Bé selbst bei etwas ungenügender Saturation nicht zu schäumen, vorteilhaft in der Weise durchgeführt, daß jeder Körper eines Mehrkörperapparates

für sich allein mit dünner Lauge gespeist und in jedem Körper eine beliebig hohe Konzentration bewirkt wird, im Gegensatz zu den auf gewöhnliche Art eingerichteten Verdampfstationen, bei welchen der Saft aus dem ersten Körper in
den zweiten, aus diesem in den dritten usf. überzieht. Das
beschriebene Verfahren ermöglicht die vorteilhafte Verarbeitung der nach irgendeinem der bekannten Sulfitzellstoffprozesse erhaltenen Kocherlaugen durch Eindampfen in
Mehrkörperapparaten bei verhältnismäßig sehr geringem
Verbrauch an Brennstoff.‘‘

Es ist darauf hinzuweisen, daß das Verarbeiten der
Laugen nach einem solchen Verfahren doch als äußerst kostspielig und umständlich erscheinen muß, was seine Rentabilität ausschließen dürfte. Man muß sich fragen, ob es derzeit
(das Patent Nr. 74 030 datiert vom 14. April 1893) noch
keine wirksamen Schaumabscheidevorrichtungen für Verdampfer gab oder solche dem betreffenden Erfinder nicht
bekannt waren. Die Berechtigung der letzteren Annahme
findet ihre Stütze darin, daß das D. R. P. 70 022 (s. Abb. 46)
bereits vor Erteilung des D. R. P. Nr. 74 030 herauskam,
was übrigens auch für das D. R. P. Nr. 283 444 zutrifft.
Seit Jahren liegt doch die Sache tatsächlich so, daß starkes
Schäumen einer Flüssigkeit in irgendeiner Form kein Hindernis zu ihrer rationellen Eindampfung in Ein- oder Mehrkörperapparaten bildet, sei es in bezug auf das Überreißen
oder auf den Dampfverbrauch. Dem entgegenstehende Annahmen müssen als irrig bezeichnet werden.

Das D. R. P. Nr. 292 113 schützt einen Destillationsapparat zur raschen Gewinnung kleiner Mengen möglichst
reinen Wassers für medizinische und dgl. Zwecke, der
aus Bergkristall oder Quarzglas hergestellt werden soll und
in seinem Dampfraum verschiedene den Destillatdampf
trocknende Einrichtungen erhält, die allerdings für die weit
größeren Verhältnisse der chemischen Technik nur indirekte
Bedeutung besitzen.

In der Patentschrift Nr. 53 397 betreffend eine Vorrichtung zur Herstellung von Trinkwasser aus Seewasser auf
Schiffen ist ferner ebenfalls eine Schaumabscheidevorrichtung beschrieben worden, die keine grundlegenden Gedanken
erkennen läßt. Nach D. R. P. Nr. 182 535 soll in einem Destillierapparat Wasser von allen festen, flüssigen und gasförmigen Beimischungen befreit werden. Der erzeugte Dampf
muß eine den Brüdenraum ausfüllende Filterschicht durch-

strömen. Eine Trennung des Dampfes von der Flüssigkeit
bei Verdampfapparaten mit stehenden Heizröhren soll nach
D. R. P. Nr. 58037 durch ein mit besonderer Haube gekröntes
zentrales Umlaufrohr erreichbar sein, durch welches das
Dampf- und Flüssigkeitsgemisch aufsteigt.

Zum Zusatzpatent Nr. 75824 sagt der Erfinder, daß bei
den durch D. R. P. Nr. 71271 geschützten Verdampfapparaten
das Aufschäumen und Austreten der abzudampfenden Flüssigkeit aus den Heizröhren s (Abb. 52)
zuweilen so lebhaft ist, daß die Saft-
strahlen oder Saftschaumstrahlen
geiserartig in eine beträchtliche Höhe
spritzen, so daß häufig Saftpartikel-
chen mit hinausgeführt werden.

Um dies zu vermeiden, werden
oberhalb der Rohre s in unbestimm-
ten Entfernungen davon in den Apparat schräge oder horizontale Jalousien
eingebaut, welche die aufsteigenden
Saftschaumstrahlen abfangen und
brechen. Diese Jalousien können ver-
schiedenartig gestaltet sein. Es sind
Blechlagen in den verschiedenartig-
sten Formen, wie beispielsweise solche
in a, b, c, d, e gezeigt sind. Sie sind
so in dem Apparat gelagert, daß sie
zwar unter allen Umständen sicher
liegen, aber auch, wenn die mechanische Reinigung der Rohre einen
freien Raum an dieser Stelle erfordern sollte, herausgenommen werden können.

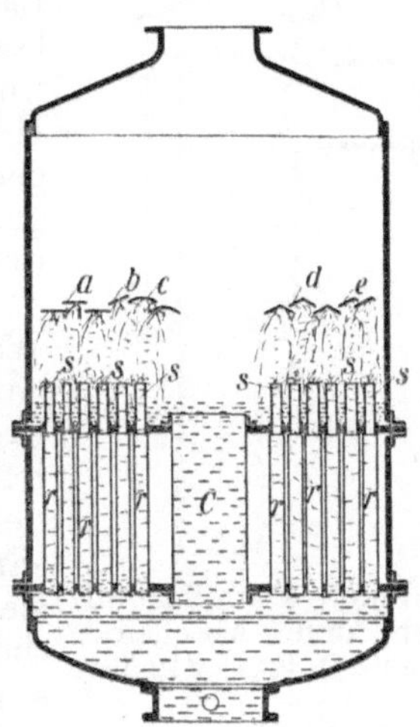

Abb. 52. Verdampfer mit
Prellflächen nach D. R. P.
Nr. 75824, Zusatzpatent
zu D. R. P. Nr. 71271.

Der Schutzanspruch erstreckt sich auf die Anbringung
von Prallflächen (a b c d e) von beliebiger Gestalt in beliebiger
Höhe und Stellung oberhalb der Rohrstücke s zwecks
Brechung der aus diesen aufspritzenden Saftschaumstrahlen.
Die Wirksamkeit dieser Einrichtung muß angezweifelt werden.

Einen Dampfsammler nach Abb. 53 beschreibt die
deutsche Patentschrift Nr. 212590. Aus dem Brüdenraum
des Verdampfers tritt der Dampf durch das Rohr 14 in den
Dampfsammler 15, dessen Gehäuse 16 das obere Ende des
Auslaßrohres 17 einschließt, und der mit der Scheidewand 18
versehen ist, welche den Dampf zwingt, in dem Sammler an
einer Seite abwärts zu strömen und an der anderen Seite

wieder aufwärts zu steigen und das offene Ende des Rohres 17 zu suchen. Etwaiges Kondenswasser wird sich hierbei auf dem Boden 19 sammeln, um durch das Rohr 20 dem Verdampfer wieder zuzufließen.

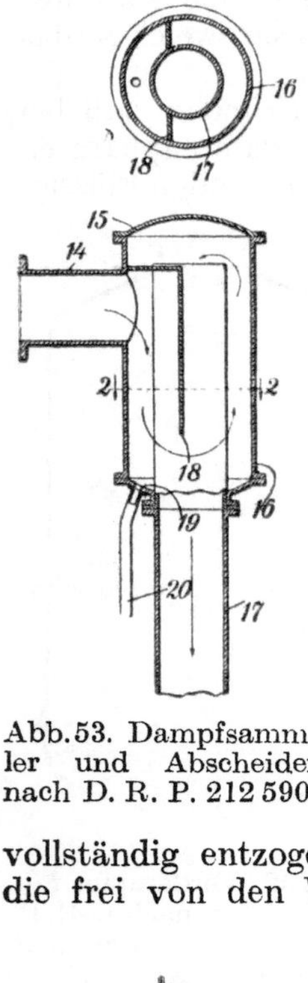

Einen Saftfänger, nach Art des „Hodek" konstruiert, verkörpert das D. R. P. Nr. 113 897 (siehe Abb. 54, Längs- und Querschnitt). Der Apparat besitzt zylindrische Gestalt und Querwände *b*. In den letzteren sind gegen die Horizontalebene geneigte Schlitze *c* angeordnet, und vor denselben liegen gleichfalls ebenso geneigte Wände *d*, deren unterer Teil zu Rinnen *e* gestaltet ist.

Der Saft wird durch die schrägen Wände *d* zu einem Richtungswechsel gezwungen, wobei die schweren Säfte Gelegenheit finden, sich von den Dämpfen zu trennen. Die Säfte fließen an den schrägen Wänden *d* nieder und sammeln sich in den Rinnen *e*, aus denen sie am geneigten Ende abfließen. Sobald die Säfte in die Rinne *e* gelangt sind, sind sie der Einwirkung des Dampfes

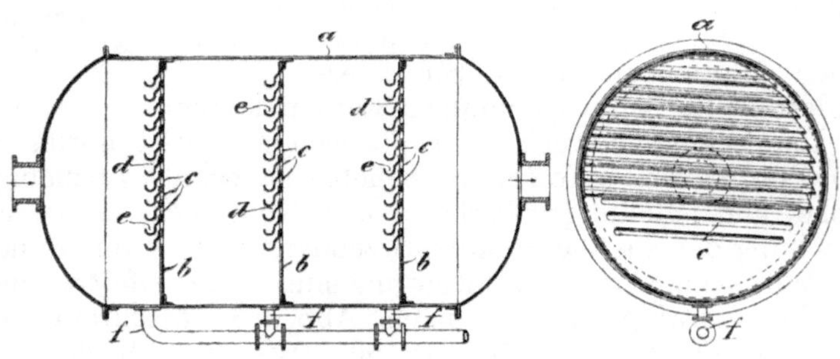

Abb. 53. Dampfsammler und Abscheider nach D. R. P. 212 590.

vollständig entzogen. Beim Fehlen dieser Rinne *e* würden die frei von den Wänden *b* niederfallenden Tropfen immer

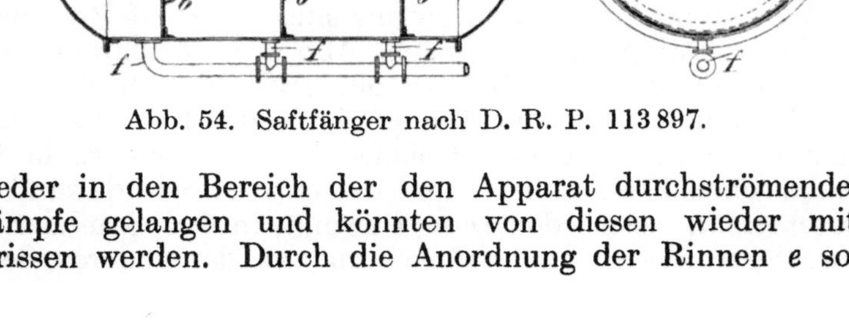

Abb. 54. Saftfänger nach D. R. P. 113 897.

wieder in den Bereich der den Apparat durchströmenden Dämpfe gelangen und könnten von diesen wieder mitgerissen werden. Durch die Anordnung der Rinnen *e* soll dieses Mitreißen in zuverlässiger Weise behindert sein, was aber für Schaummassen nicht zutrifft.

Den Saftfänger D. R. P. Nr. 116 569 veranschaulicht Abb. 55 im Aufriß und Grundriß; er soll namentlich zur Abscheidung von Zuckersäften aus dem Brüdendampf dienen, wobei besonderes Gewicht darauf gelegt ist, daß außer der Ermöglichung nahezu vollständiger Ausscheidung der Säfte die Vorrichtung von solcher Bauart ist, daß die Wirkung der Vakuumpumpe in keiner Weise beeinträchtigt wird und der freien Fortbewegung der Dämpfe durch den Saftfänger nichts im Wege steht, so daß ein vielen Saftfängern anhaftender Mangel nach Meinung des Erfinders beseitigt sein soll.

Der Boden b des Apparates a besitzt die Form eines Kugelabschnittes. Durch den Boden b geht die Rohrleitung c hindurch, welche die Verbindung zwischen dem Verdampfer und dem Saftfänger a herstellt. Das Einlaufrohr c für die mit den zu gewinnenden Beimengungen beladenen Dämpfe ragt bis zu einer gewissen Höhe in den Apparat hinein. Oberhalb der Rohrleitung c ist eine Haube e angeordnet, deren Rand nach innen zu als Rinne eingebogen ist, welche mit den nach unten gerichteten Röhren ff verbunden ist. Um die Haube e herum ist die erste Abscheidevorrichtung 1 angeordnet, die in ihrer ganzen Höhe, mit Ausnahme des unteren Teiles o, welcher aus ganzwandigem Blech besteht und

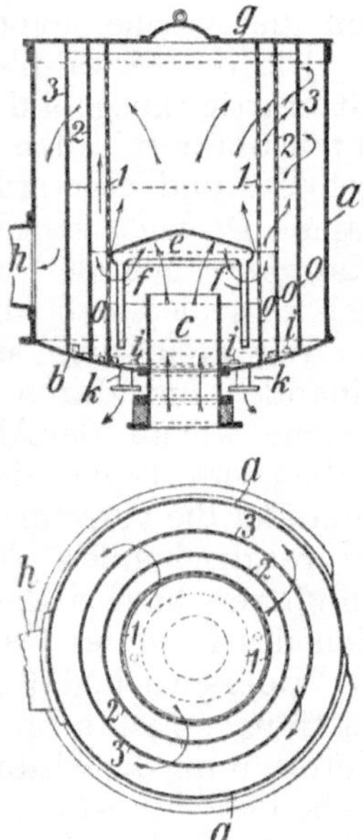

Abb. 55. Saftfänger nach D. R. P. 116 569.

ungefähr dieselbe Höhe besitzt wie das Dampfeinlaßrohr c, als zylindrisches Gitter aus Drahtgeflecht mit passender Maschenöffnung ausgebildet ist. Konzentrisch zu der ersten Abscheidevorrichtung 1 ist die zweite Abscheidevorrichtung 2 vorgesehen, deren unterer, nicht als Sieb oder Gitter ausgebildeter Teil o ungefähr doppelt so hoch ist wie der in den Apparat a hineinragende Teil des Einlaufrohres c. Der über dem Teil o der Abscheidevorrichtung 2 befindliche Teil ist nicht auf seinem ganzen Umfang gitterartig ausgebildet, sondern es erstreckt sich das Gitter nur auf ungefähr zwei Drittel des

Umfanges, während ein Drittel des Umfanges aus ganzwandigem Blech besteht und die Fortsetzung des unteren,
ebenfalls aus solchem Blech bestehenden Teiles o bildet.

Die dritte Abscheidevorrichtung 3 besitzt einen gleichfalls nicht gitterförmig gestalteten Teil o, der ungefähr die
Hälfte ihrer ganzen Höhe beträgt, während der über dem
Teil o befindliche Teil auch nur auf ungefähr zwei Drittel
seines Umfanges gitter- oder siebartig ausgebildet ist. Der
übrigbleibende Teil besteht wie bei der Abscheidevorrichtung 2 aus vollem Blech. Die Abscheidevorrichtung 3 ist
um die Abscheidevorrichtung 2 herum angeordnet.

Die drei erwähnten zylindrischen, teilweise sieb- oder
gitterartig ausgebildeten Abscheidevorrichtungen sind mit
ihren unteren Teilen o auf dem Boden b des Zylinders a auf-
gelötet, und es werden dieselben oben durch den gemeinsamen Deckel g verschlossen, derart, daß mehrere ringförmige
Kammern gebildet werden, deren Durchmesser demjenigen
der verschiedenen konzentrischen Zylinder entspricht.

Wie ersichtlich, sind die einzelnen Zylinderräume untereinander nur durch die gitterförmigen Stellen verbunden,
welche, wie aus der Abb. 55 hervorgeht, alle auf einer und derselben Seite liegen, damit die Dämpfe gezwungen sind, nach-
einander die verschiedenen, durchbrochenen, mit einem Filter
zu vergleichenden Flächen zu durchströmen, und zwar expandieren hierbei die Dämpfe (die Anwendung der Expansion des Dampfes steht also mit der Angabe des Erfinders
im Widerspruch, daß der Fortbewegung der Dämpfe durch den
Saftfänger nichts im Wege steht! Verf.), so daß durch diese
Verdünnung die Absonderung der Säfte auf den hintereinander
stehenden Filterflächen nahezu vollkommen ist, bevor die
Dämpfe zu dem Abzugskanal h gelangen, von wo sie alsdann
zu der Vakuumpumpe ziehen. Der Abzugskanal h ist gegenüber denjenigen Stellen der Abscheidevorrichtung 1, 2 und 3
angebracht, welche aus nicht gitterförmigem Blech bestehen,
wodurch erzielt werden soll, daß die Dämpfe die Abscheidevorrichtungen in deren ganzer Höhe passieren, anderenteils
aber ein Absaugen der Dämpfe durch die Luftpumpe aus
dem unteren Teil des Saftfängers durch die gitterartigen Teile
der Abscheidevorrichtungen hindurch vermieden wird.

Am unteren Teil der Siebe 1, 2 und 3 sind Öffnungen i
vorgesehen, welche in den Blechteilen o angebracht sind
Durch diese Öffnungen fließt die aus den Abscheidevorrichtungen niedergeschlagene Flüssigkeit hindurch und wird

durch senkrechte Rohre k nach dem Verdampfer zurückgeführt.

Die mit Saftbläschen beladenen Dämpfe, welche in dem Behälter a aufsteigen, werden bei ihrem Durchgang durch das Einlaßrohr c gegen die Haube e geworfen und expandieren dann durch die Siebplatten 1, 2 und 3 hindurch. Hierauf steigen die Dämpfe erst nach dem unteren Auslaßkanal h, um von dort zu der Vakuumpumpe geführt zu werden. Während die expandierten Dämpfe den eben angedeuteten Weg durchlaufen, verlieren sie durch die Berührung mit den gitter- oder siebartigen Flächen die in ihnen enthaltenen flüssigen Bestandteile. Die angesammelten Saftteilchen fließen dann, wie oben erwähnt, in den Sammelapparat, während der von den Saftbeimengungen befreite Wasserdampf zu der Vakuumpumpe gelangt.

Das D. R. P. Nr. 150 364 schützt die durch Abb. 56 wiedergegebene Ausführungsform eines Saftfängers, der im wesentlichen aus einem trichterförmigen Gefäß a besteht, das mit dem Oberrande gegen den Deckel b des Verdampfapparates leicht abnehmbar ange-

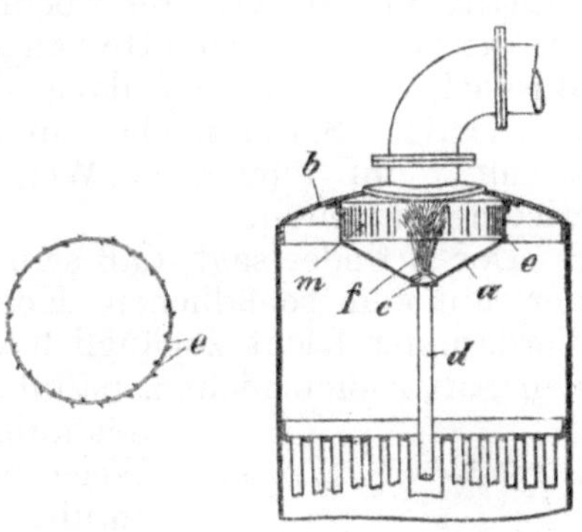

Abb. 56.
Saftfänger nach D. R. P. 150 364.

schraubt ist, während die Trichterspitze c in ein Abfallrohr d ausläuft, dessen unteres Ende in die kochende Masse eintaucht.

Unterhalb des gegen den Verdampfapparatdeckel abgedichteten Trichterrandes ist ringsum eine Anzahl senkrechter oder schräger Schlitze mit tangentialer Ein- und Ausgangsrichtung derart angebracht, daß sowohl der außerhalb des Trichters als auch der innerhalb befindliche Dampfstrom eine Drehung um eine senkrechte Achse erhält.

Nach dem bekannten Prinzip der Zentripetalwirkung soll hierdurch in dem entstehenden Dampfstromwirbel eine Verdichtung aller mitgeführten schwebenden Tropfen nach der Mitte zu und somit ein Zusammenschluß einzelner Tropfen stattfinden, wobei Tropfenoberfläche und Schwebevermögen vermindert und dadurch das Absetzen der Tropfen begünstigt wird.

Schon der zum Saftfänger aufsteigende Dampfstrom
wird durch die tangentialen Eingangsöffnungen in Drehung
versetzt und gewissermaßen zentripetiert und entsaftet, weil
die schwebenden Tropfen, durch die Zentripetalkraft beeinflußt, in schlangenartigen Linien der Mitte zuströmen,
wobei der größte Teil bereits unterhalb der tangentialen
Trichtereingänge gegen die äußere Trichterwand anprallt
und daher gar nicht in den Innenraum m des Trichters gelangt.

Der übrige Teil der schwebenden Tropfen wird entweder
schon beim Durchströmen durch die Eintrittskanäle von
den inneren Seitenflächen aufgenommen oder nach dem
Eintritt in den Trichter nochmals zentripetiert, wobei der
in der Stromwirbelmitte angeordnete rohe bürstenartige
Büschel oder Pinsel f dazu dient, auch die allerfeinsten
nebelartigen Saftstäubchen aufzufangen und längs der Trich-
termitte auf kürzestem Wege der kochenden Flüssigkeit
wieder zuzuleiten.

Der Erfinder sagt, daß sein Saftfänger ohne Vermehrung
der äußeren schädlichen Kondensationsflächen in jedem
Verdampfer leicht zugänglich anbringbar ist, die eintretenden Safttropfen nicht zerstäubt, sondern sie verdichtet und
den aufgefangenen Saft auf kürzestem
Wege der kochenden Masse wieder
zuführt.

Ein Hahn zum ununterbrochenen
Abziehen der aus Dämpfen in Abscheidern abgesonderten Flüssigkeitsmassen unter Vakuum ist durch
D. R. P. Nr. 139 041 geschützt. Die
D. R. P. Nr. 58 949, 34 090 und 8189
betreffen Apparate zur Abscheidung
von Öl und Wasser aus dem Dampfstrom bei Dampfmaschinen. Zur Ab-

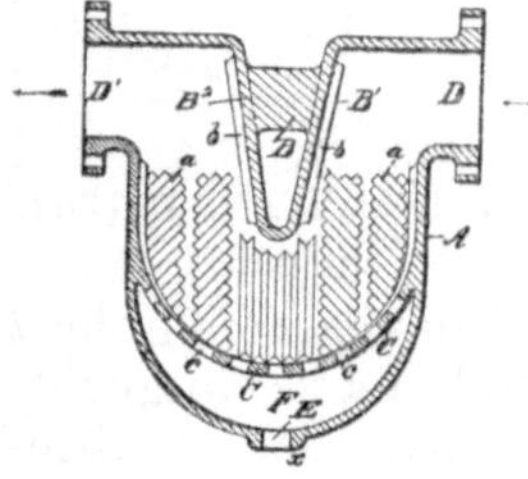

Abb. 57. Abscheider nach
D. R. P. 80 808.

scheidung von Öl und Wasser aus dem Dampf soll ebenfalls
der Apparat Abb. 57 dienen. Derselbe besteht aus einem
Gehäuse A, welches oben eine tiefe Einsenkung B besitzt,
deren Seitenwände B_1, B_2 mit diagonalen Riffelungen b versehen sind, die als Ableitflächen dienen. Das Gehäuse hat
ferner einen Doppelboden, bei welchem der innere konkav
gestaltete Boden C mit länglichen Löchern c versehen ist,
welche ihn quer durchschneiden und so geformt sind, daß
Wasser und Öl an ihnen sich abstreifen und in den Raum F

zwischen beide Böden fallen. Die Innenflächen des Gehäuses sind mit Riffelungen a versehen und so angeordnet, daß sie Öl und Wasser den Öffnungen c zuführen und den Weg des Dampfes diagonal durchschneiden. Bei D ist der Dampfeintritt, bei D^1 der Austritt, durch E können die Abscheidungen aus F entfernt werden.

Der bei D einströmende Dampf stößt zunächst gegen die Fläche B_1 und wird von dieser nach unten abgeleitet. Das an der Fläche haftende Öl und das ausgeschiedene Wasser werden durch die Riffeln b seitwärts geführt. Der Dampf wird darauf gegen den Boden C gepreßt und gezwungen, an dessen Flächen an einer Kurve entlang zu strömen, wobei Öl und Wasser infolge der Zentrifugalkraft an den Querriffeln a sich absetzen und den Öffnungen c zugeführt werden. Durch die größere Anzahl dieser Öffnungen soll die Beharrlichkeit des Dampfes, Öl und Wasser zurückzuhalten, überwunden werden; mit der Anordnung des Doppelbodens soll der Vorteil verbunden sein, daß Öl und Wasser nicht wieder mitgerissen werden.

Weitere Vorrichtungen zur Abscheidung von Öl und Wasser aus Dampf durch Einbau von festen oder drehenden Scheidekörpern in Gehäusen schützen D., R. P. Nr. 101 927 (Ausscheiden von Öl und Wasser durch in der Bahn des Dampfes stehende, konkav ausgehöhlte Schienen), D. R. P. Nr. 107 972 (Reinigung von Dampf durch die Anwendung von Körpern, welche mit engen geraden Kanälen [Haarröhrchen], deren Wandungen porös sind, zum Durchgang des Dampfes versehen sind), D. R. P. Nr. 116 823 (Reinigung des Dampfes in einem mit Ablenkwand ausgestatteten Abscheidegefäß, welche den Dampf zur Berührung mit Flüssigkeit zwingt, worauf ein Durchströmen von Fangplatten stattfindet), D. R. P. Nr. 121 024 (Abscheidung der Flüssigkeit unter Anwendung von Winkeleisen, T-Eisen, gelochten Blechen usw. in Form von Hindernissen, welche die flüssigen Anteile zurückhalten, wobei der Abscheidebehälter innerhalb eines zweiten Behälters angeordnet ist, der die Beheizung des ersteren durch den abziehenden Dampf gestattet), D. R. P. Nr. 139 280 (Anwendung eines zylindrischen Filters, in welchem eine Kühlschlange angeordnet ist, zwischen deren Windungen der Dampf hindurchtreten muß, bevor er zu dem Filter gelangt), D. R. P. Nr. 146 754 (Ausscheidung flüssiger Anteile aus dem Dampf mittels Schleuderrad und Flügelrad, welche vom eintretenden Dampf in Umdrehung versetzt

werden. Das Schleuderrad besitzt einen in radialer Richtung
wirkenden Ablenkungskörper und bewegt sich im übrigen
in einer dem Rade angepaßten Kammer, die mit ringförmigem
Kanal zur Ableitung ausgeschiedener Bestandteile versehen
ist), D. R. P. Nr. 152 839 (Verfahren, nach welchem der
dem Abscheider zuströmende Dampf kurz vor seinem eigent-
lichen Eintritt in den Entölungsraum ständig der Einwirkung
einer bis nahe ihrem Siedepunkt erhitzten Lauge ausgesetzt
wird, deren Verdampf- (Siede-)grad ein erheblich höherer ist
als der des Wassers. Die Lauge wird mittels Ejektor fort-
laufend in Kreislauf versetzt, also wieder benutzt, wobei die
aufgenommenen Flüssigkeitsanteile zur Ausscheidung gelangen), D. R. P. Nr. 157 146 (Abscheider mit den Dampfstrom mehrfach teilendem Einbau aus Wandungen von Well-
blech, welche einseitig mit siebartigen Blechen, Drahtgewebe
oder dgl. bedeckt sind), D. R. P. Nr. 158 489 (Vorrichtung
zur Abscheidung von Flüssigkeiten aus strömenden Gasen,
bei welcher die Gase gegen senkrecht zur Stromrichtung
stehende gelochte Bleche geführt werden, auf deren Rück-
seite quer zur Stromrichtung laufende geneigte, einander
übergreifende Rinnen angeordnet sind).

Ferner D. R. P. Nr. 159 881 (Abscheider mit Metallge-
webepatronen, welche mit aufsaugefähigem Material [z. B.
Baumwolle] gefüllt und mit geringen Zwischenräumen in
mehreren zueinander versetzten Reihen auswechselbar angeordnet sind), D. R. P. Nr. 160 775 (Abscheider dadurch
wirkend, daß der Dampf derart über ölaufsaugendes Material
enthaltende Becken geleitet wird, daß die Ausscheidungen
durch jedes des als Filter wirkenden Aufsaugeelementes infolge des Dampfüberdrucks hindurch getrieben werden),
D. R. P. Nr. 165 133 (Abscheider zur Trennung von Flüssigkeit und Dampf mit Dampfführung auf schraubenförmigem
Wege und Feuchtigkeit aufsaugenden Stoffen, bei welchem
eine allmähliche Verengung der Dampfwege durch radial
angeordnete Platten und damit eine energische Ausscheidung der Feuchtigkeit erfolgt), D. R. P. Nr. 166 034 (Abscheider für Dampfleitungen, in welchem Rippenwände
Zickzackwege für den Dampf bilden, so daß die Rippen-
platten als miteinander in Verbindung stehende Hohl-
körper ausgeführt sind, durch welche eine Kühlflüssigkeit
hindurch geleitet wird), D. R. P. Nr. 167 546 (Abscheider
mit in der Mitte angeordnetem, als Vorwärmer für die Speiseflüssigkeit dienendem, auf Federn gestütztem Röhrensystem,

um das sich kegelförmige übereinander liegende Bleche befinden, welche auf der einen Hälfte voll, auf der anderen siebartig ausgeführt sind, derart, daß eine Siebfläche über einer vollen Fläche liegt und die Bleche gegen das Gehäuse zu mit zylindrischen Ansätzen versehen sind, die zwar eine Ableitung des Öles nach unten zulassen, aber den zu reinigenden Dampf vom Gehäuse zurückhalten, zwecks gesonderter Abführung der ausgeschiedenen Flüssigkeit).

Ferner D. R. P. Nr. 168 157 (Abscheider mit irrgangartigen, eckigen, vom Dampf zu durchströmenden Kanälen, in dem von einer mittleren Kammer, in welche der Dampf oben eintritt, die irrgangartigen Kanäle in radialer Richtung abzweigen. Oberhalb der Kanäle ist eine ringförmige Sammelkammer für den getrockneten Dampf angebracht), D. R. P. Nr. 175 601 (Abscheider mit aus Streckmetall gebildeten Siebplatten, welche in gewellter oder Zickzackform lagern), D. R. P. Nr. 178 975 (Vorrichtung zum Abscheiden von flüssigen Bestandteilen aus strömenden Gasen oder Dämpfen mittels schraubenförmig gewundener Kanäle), D. R. P. Nr. 180 771 (Abscheider mit quer zur Strömungsrichtung eingebauten Hohlstäben, welche an ihrer der Strömungsrichtung zugekehrten Seite gelocht und die so gebildeten Öffnungen mit Vorsprüngen zum Zurückhalten von Flüssigkeit versehen sind), D. R. P. Nr. 184 899 (Abscheider mit winklig zueinander stehenden, wagerecht und senkrecht angeordneten Prallflächen, bestehend aus Blechstreifen und Stegen, so daß der eine Blechstreifen immer über den Rand des nächsten etwas hinausragt, um kleine vorspringende Flächen zur Ablenkung des Dampfstromes zu erhalten), D. R. P. Nr. 194 609 (Abscheider mit eingebauten Hohlstäben, bei welchem jeder Hohlstab in der Mitte durch eine Scheidewand geteilt ist).

Ferner D. R. P. Nr. 210 939 (Abscheider, in welchem schmale Metallbänder oder Metallstreifen hintereinander liegende Schichten von im wesentlichen gleichem Querschnitt, aber zunehmender Dichte und zu dieser im umgekehrten Verhältnis abnehmender Dicke bilden, so daß in keiner Schicht der Druckverlust einen unzulässigen Höchstwert überschreiten kann), D. R. P. Nr. 212 602 (Abscheider mit aus Drahtgaze gebildeten Schläuchen, die der zu reinigende Dampf durchströmen muß), D. R. P. Nr. 214 785 (Abscheider mit geneigten rinnenförmigen Stoßblechen, welche dem Dampfstrom einen abwärtsführenden, schraubenför-

migen Weg erteilen), D. R. P. Nr. 216 009 (Abscheider mit
eingebauten Stangen, Drähten, Ketten usw. so angeordnet,
daß der Dampf einen spiralförmigen Weg durch den Abscheider beschreiben muß), D. R. P. Nr. 216 416 (Abscheider
mit abwechselnd gewellten und ebenen, teils gelochten Platten), D. R. P. Nr. 216 879 und 218 480 (Abscheider mit
rippenförmigen Abscheidelementen), D. R. P. Nr. 218 479
(Abscheider mit wellenförmig gebogenen Elementen besonderer Form), D. R. P. Nr. 219 840 und 222 778 (Abscheider mit Siebwänden und U-förmigen Rinnen), D. R. P.
Nr. 223 088 (Abscheider mit Blechelementen und Regelung
des Durchtrittsquerschnittes), D. R. P. Nr. 228 428 (Abscheider mit rippenförmigen Elementen, deren Rippen in
Schneiden auslaufen), D. R. P. Nr. 228 811 (Abscheider mit
Elementen aus Streckmetall, dessen Stege zum Dampfstrom
um 45° versetzt sind).

Ferner D. R. P. Nr. 228 956 (Abscheider mit Filtermasse
nach Abb. 41), D. R. P. Nr. 231 156 (Abscheider mit schnecken-
förmig gebogenen Stoß- und Fangblechen), D. R. P. Nr.
232 460 (Abscheider mit wellenförmigen Blechelementen),
D. R. P. Nr. 241 994 (Abscheider mit unten in Kammern
einmündenden Fangelementen, die durch Flüssigkeitsver-
schlüsse voneinander getrennt sind), D. R. P. Nr. 253 980 (Abscheider mit Elementen aus Streckmetall), D. R. P. Nr. 255 292
(Abscheider mit gleichachsig ineinander angeordneten, zy-
lindrisch gebogenen Blechen, die den Dampf in dünne Schichten zerteilen), D. R. P. Nr. 255 442 (Abscheider mit Elementen aus gelochten, mit Widerhaken versehenen Blechen),
D. R. P. Nr. 256 668, 256 669, 257 229, 279 462, 279 356,
270 064 und 264 504 (Abscheider mit rinnenförmig gebogenen
Blechstreifen), D. R. P. Nr. 262 921 (Abscheider mit vor den
Abscheideelementen drehbar gelagerten jalousieartigen Leitschaufeln), D. R. P. Nr. 273 035 und 290 395 (Abscheider mit
sich nach der Dampfmenge einstellenden Abschlußorganen),
D. R. P. Nr. 277 902 (Zentrifugalabscheider), D. R. P. Nr.
282 268 (Abscheider mit winkelförmigen Stabelementen).

Abscheider energischer Wirkung stellen auch diejenigen
nach D. R. P. Nr. 150 089, 163 278, 173 872, 173 931, 177 741
und 185 936 dar. Weitere Dampftrockner sind durch D. R. P.
Nr. 573, 3893, 9438, 36 283, 58 465, 144 025. 167 212, 211 414
und 251 460 geschützt bzw. geschützt gewesen.

Die Abb. 58 zeigt ferner einen Schaumabscheider (D. R. P.
Nr. 293 945) sicher wirkender, einfacher und billiger Bauart.

In der Abb. ist b das Gehäuse, r ein eingesetzter, bei k ein gedichteter Ring, a eine eingesetzte Glocke, zwischen deren kegeliger Wandung und derjenigen des Ringes eine schlitzförmige Düse gebildet wird. g ist ein Teller mit Öffnungen h, der verhindern soll, daß die aus dem Dampfstrom ausgeschiedenen Beimengungen wieder in den nach oben abströmenden Dampf gelangen.

Der Dampf tritt bei f ein, durchströmt die Düse und tritt in gereinigtem Zustande bei e aus. — Der auf seiner Innenfläche glatte Ring ist auf einem geringen Teil seiner Höhe stärker als auf dem übrigen Teil und dort unmittelbar auf dem Abscheidebehälter befestigt, so daß zwischen letzterem und dem Ring eine ruhende isolierende Dampfschicht beim Betrieb entsteht. Der Schutzanspruch bezieht sich auf eine Vorrichtung zum Abscheiden von Beimengungen aus Gasen und Dämpfen, bei der die Gase oder Dämpfe durch einen düsenartig verengten Querschnitt hindurchströmen, derart, daß die äußere Düsenfläche und die Leitfläche für die abzuscheidenden Beimengungen durch die Innenwandung eines aus einem Stück bestehenden zylindrischen Ringes r gebildet wird, dessen Höhe ein Vielfaches der Düsenfläche ist, und der mit seiner Außenfläche dampfdicht auf der Innenwandung des im Querschnitt kreisförmigen Abscheidebehälters b befestigt

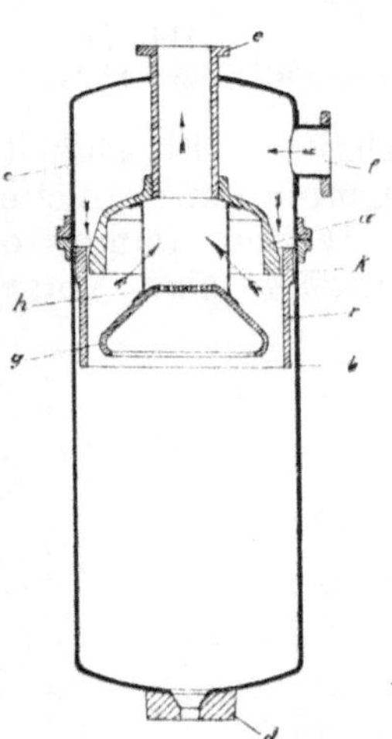

Abb. 58. Abscheider nach D. R. P. 293 945.

ist. Ferner ist die Vorrichtung dadurch gekennzeichnet, daß der auf seiner Innenfläche glatte Ring r auf einem geringen Teil seiner Höhe stärker ist als auf dem übrigen Teil und dort unmittelbar auf dem Abscheidebehälter b befestigt ist, so daß zwischen Abscheidebehälter und Ring eine ruhende Dampfschicht gebildet wird. Zu beachten ist die Anwendung des engen, düsenförmigen Querschnittes zwischen r und a zur Erzielung der Beschleunigung vor dem Richtungswechsel.

Einen Abscheider für horizontale Anordnung, der aber auch vertikal angewendet werden kann, stellt Abb. 59 dar. Bei ihm wird das Prinzip der Abscheidewirkung durch Schwerkraft im horizontalen Dampfstrom angewendet.

Wesentlich ist dabei nach D. R. P. Nr. 34067 die Anwendung einer geneigten oder senkrechten konzentrischen Hohlzylindergruppe oder eines ähnlichen Körpers zur Entwässerung von Dampf vermöge Flächenanziehung in der Weise daß die Anziehungsflächen nur parallel der Stromrichtung liegen und der Stromquerschnitt beständig eine geschlossene Figur bildet, um die Abscheidung an den gesamten, zur gleichmäßigen Wirkung geeigneten Begrenzungsflächen, wo naturgemäß die kleinste Geschwindigkeit herrscht, herbeizuführen und die an diesen Flächen zurückgehaltene Flüssigkeit durch Syphonverschlüsse nach dem Dampfraum abzuleiten.

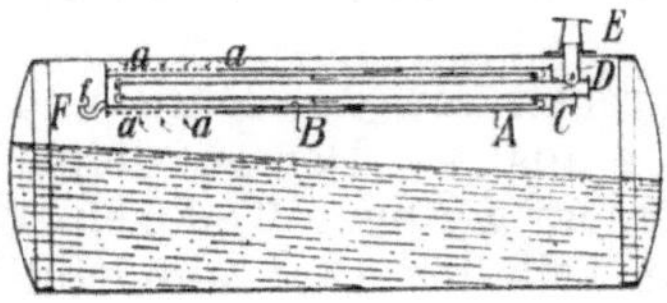

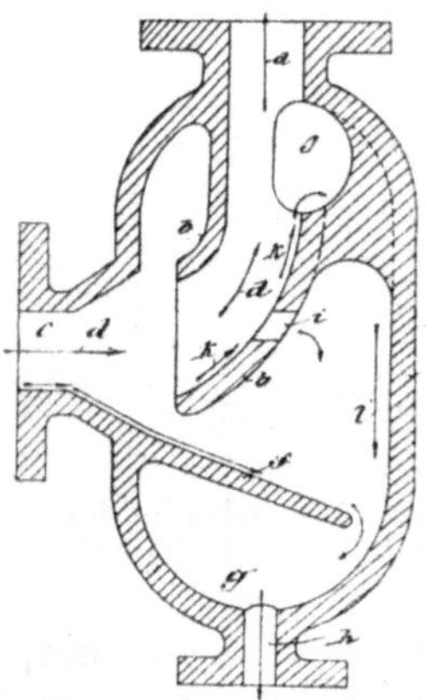

Abb. 59.
Abscheider nach D. R. P. 34068.

Weitere Dampftrockner, durch Ablenkung des Dampfes wirkend, sind vorgeschlagen worden nach den D. R. P. Nr. 11711, 21204, 41356, 47829, 118198, 129647, 199876 und 283108. Erwähnt sei davon nur der Abscheider nach D. R. P. Nr. 129647 (Abb. 60), der den entwässerten Dampf durch ein aufrechtes Rohr ableitet, derart, daß innerhalb eines zylindrischen Gehäuses ein zurückgebogenes Rohr, dessen Öffnung dem Eintrittsstutzen des zu entwässernden Dampfes gegenüberliegt, angebracht ist, um den Dampf aufzufangen und abzuführen, während unterhalb dieses Rohres auf einer schrägen Zunge das am Boden des Zuführungsrohres abgesetzte Wasser in das Unterteil des Gehäuses hinabläuft. Dasselbe ist durch diese Zunge

Abb. 60. Abscheider nach D. R. P. 129647.

derart von dem Dampfraum abgeschlossen, daß der Dampf keine Saugwirkung auf das Wasser ausüben kann, was bei manchen Bauarten nicht der Fall ist.

Dampfentwässerer, durch Prallflächen (Siebe, Winkeleisen, Terrassen usw.) wirkend, sind die nachfolgenden. Ein ganz aus Gußeisen hergestellter Apparat nach D. R. P. Nr. 9229, ebenso derjenige nach D. R. P. Nr. 11369 und 15377 (Abb. 42), sowie nach D. R. P. Nr. 29575 (Abb. 37). D. R. P. Nr. 18803 schützte eine horizontale Bauart mit Gittern oder Sieben aus Drähten von 1,5 bis 6 mm Durchmesser in geneigter Anordnung, D. R. P. Nr. 29 766 eine ähnliche, besonders für den Dampfraum von Dampfkesseln bestimmte. In diesem Sinne wichtig ist auch die Abscheidung des mitgerissenen Wassers aus dem erzeugten Dampf in Dampfkesseln, die mit Wasserumlauf arbeiten und nur kleine Dampfräume besitzen.

Darauf bezügliche Patente sind die D. R. P. Nr. 37 954, 42 323, 48 550, 53 466, 58 801, 61 083, 62 384, 98 603, 99 059, 115 176, 164 669, 167 089, 168 676, 214 891, 260 463, 278 124, 268 235 und 285 489. In der Dampf- oder Brüdenleitung einzubauende Abscheider sind ferner noch in den deutschen Patentschriften Nr. 292 189, 267 784, 257 879, 209 315, 206 105, 195 457, 99 695, 49 115, 40 599, und 33 237 beschrieben worden.

Seiner Einfachheit und guten Wirkung wegen sei hier ferner noch der Abscheider nach Abb. 61 (D. R. P. Nr. 272 183) erwähnt. Diese Vorrichtung kann liegend oder stehend ausgeführt werden. In einem Behälter a befinden sich zwei Prallplatten b und c. Durch Rohr d tritt der zu reinigende Dampfstrom in den Reiniger, wird im Mundstück e in dünne Strahlen zerlegt oder in ein flaches Band beliebiger Form umgeformt. Im vorliegenden Falle hat der Dampfstrom die Form eines flachen Bandes von rechteckigem Querschnitt, entsprechend der Ausströmöffnung h, i, k, l. Dieser Dampfstrom prallt

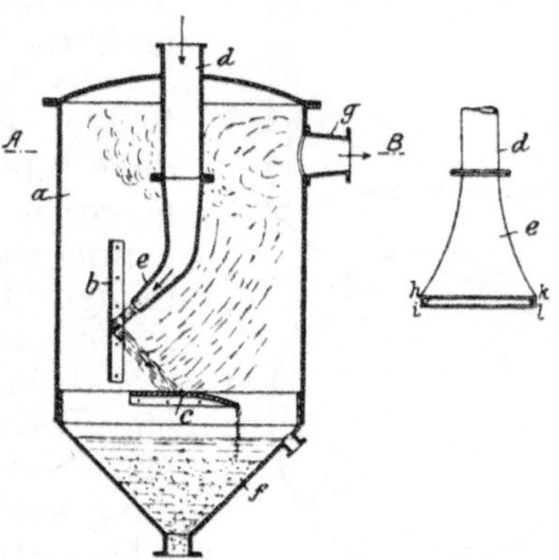

Abb. 61.
Abscheider nach D. R. P. 272 183.

schiefwinklig gegen eine Platte b. Infolge des Stoßes bzw. Richtungswechsels werden die meisten festen und flüssigen Bestandteile des Dampfes ausgeschieden und fließen von der Platte b nach unten in den Schlammfänger f; der Dampfstrom prallt nach dem Stoße von der Platte b ab in der Richtung des Pfeiles und stößt gegen eine zweite Platte c. Auch diese Platte ist so zu dem Dampfstrom eingestellt, daß der Dampf sie schiefwinklig trifft und er nach dem Anprall die Platte in anderer Richtung verläßt, als die

abgeschiedenen Unreinigkeiten, also ohne diese wieder zu
berühren. Sowohl Platte *b* als auch *c* können eine gebogene
Oberfläche haben. Der gereinigte Dampf verläßt den Behälter durch einen beliebig angebrachten Austrittsstutzen *g*.
Auch in diesem Falle ist die Beschleunigung des Dampf-
und Flüssigkeitsgemisches in dem Mundstück *e* wesentlich
für den Wert der Einrichtung.

Einen Apparat ähnlichen Prinzips stellt auch Abb. 62
im Vertikal- und Horizontalschnitt dar. Der nasse Dampf
tritt bei *a* ein und wird durch Rohre in mehrere Strahlen
zerlegt, die in schräger Richtung *n* von oben kommend und
außerdem noch in seitlich schräger
Richtung *o* in je eine getrennte Ab-
scheidekammer geleitet werden, deren
Rückwand die Prallwand *c* ist und deren
Seitenwände die Stege *d* bilden. Letztere
sind in der nach innen gerichteten Seite
mit Führungsrinnen *e* versehen, durch
welche tote, vom Dampfstrom nicht
berührte Räume *t* entstehen.

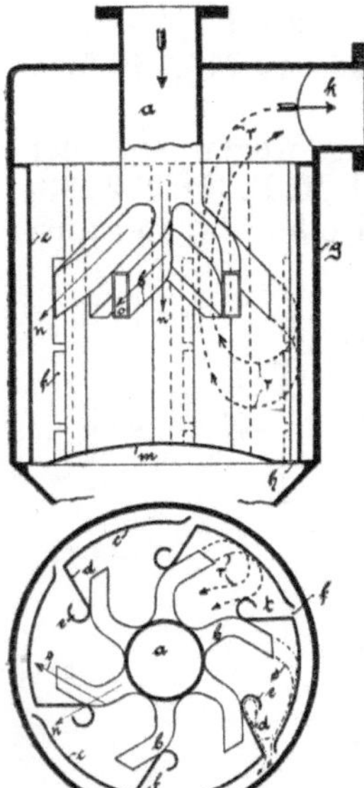

Das beim Aufprall ausgeschiedene
Wasser wird in Richtung des Pfeiles in
diese toten Räume und durch hier angeordnete Öffnungen *f* aus der Kammer
herausgeschleudert, während der gereinigte Dampf in der Richtung der
Pfeile *r* entgegengesetzt aus der Kammer strömt, wobei die Führungsrinnen *e*
ein Bestreichen der Seitenwände *d*
verhindern. Falls bei großer Ausscheidung noch Wasser über die Öffnungen
f hinaustritt, so wird dieses in den
Führungsrinnen *e* zur Seitenwand
zurückgeworfen oder abgeleitet. Das
nach unten abgeführte Wasser tritt

Abb. 62. Abscheider
nach D. R. P. 291950.

durch Öffnungen *h* in einen Sammelraum, der gegen den
Ausscheidungsraum durch einen Deckel *m* geschlossen ist.

Die nun folgenden Abscheider sind solche mit Fliehkraftwirkung oder sich drehende Apparate. Als einfachste Form
eines solchen mag die nach Abb. 63 (D. R. P. Nr. 4896)
gelten. Das Dampfleitungsrohr *A* tritt um ein kurzes Stück
durch einen Boden *B* hindurch und ist mit einer zylindrischen
Haube *C*, welche durch den Flansch *a* auf dem Boden *B* auf-

gedichtet ist, überdeckt. Die Haube C verjüngt sich in ihrem oberen Teil zum Leitungsrohr D. Nahe seinem oberen Ende befindet sich im Rohr A ein schmaler Steg b, welcher in seiner Mitte ein als Fußlager für die Achse c des horizontalen Flügelrades E dienendes Auge d trägt. Ein weiterer Steg e, durch den das obere Ende der Flügelradachse c hindurchgeht, ist in der Haube C angebracht. Das Flügelrad E besteht aus einer hinreichenden Anzahl ebener oder passend gebogener Schaufeln, welche geneigt gegen die Umdrehungsachse gestellt sind. Es befindet sich in geringer Entfernung über dem Dampfrohr A, und um ein Heben durch den dagegen strömenden Dampf zu verhindern, ist seine Achse mit einem Stellring f versehen, der sich gegen die untere Seite des Steges e legt. Seitlich vom Leitungsrohr A geht durch den Boden B ein schwächeres Rohr F nach unten ab, das zur Entfernung des ausgeschiedenen Wassers, das nach dem Kessel zurückgeleitet werden kann, dient.

Die Wirkungsweise des Apparates ist folgende: Der Dampf tritt durch das Rohr A gegen das Flügelrad E, wodurch dieses in Umdrehung versetzt wird. Bei der starken Richtungsänderung des Dampfes in den Zwischenräumen zwischen den Flügeln des Rades bleibt das mitge-

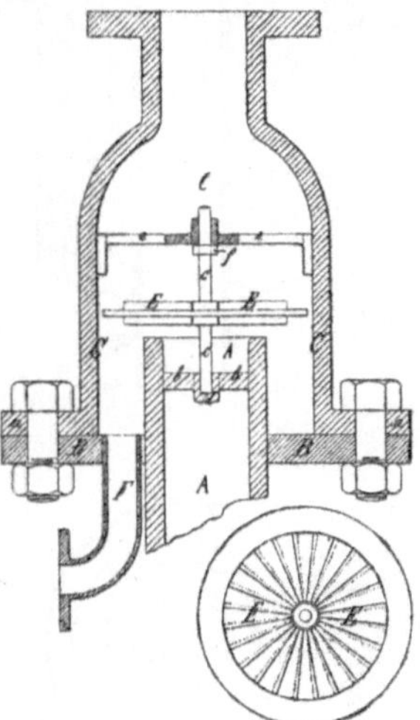

Abb. 63. Abscheider nach D. R. P. 4896.

rissene Wasser an diesen hängen und wird durch die Zentrifugalkraft infolge der Umdrehung nach außen gegen die Wand der Haube C geschleudert, an der es herabfließt, um durch das Rohr F abgeleitet zu werden.

Abscheider dieses Bauprinzips, einzubauen im Dampfraum und im Dom direkt gefeuerter Verdampfer (ortsfeste Dampfkessel, Lokomotivkessel, Lokomobilen usw.), die jedoch auch für dampfbeheizte Verdampfapparate zu verwenden sind, sind geschützt worden durch die D. R. P. Nr. 51 278, 102 760, 115 052, 205 619, 35 894, 58 948, 100 984, 225 154, 234 426, 273 326 und 285 141.

Für Dampfleitungen bzw. Brüdenleitungen gedachte und anwendbare Bauarten betreffen ferner die D. R. P. Nr. 43 195,

128 270, 144 714, 155 010, 288 605 und 293 551. Die Abb. 64 zeigt den Apparat nach D. R. P. Nr. 43 195; er besteht aus dem zylindrischen Gefäß a, das mit einem Deckel b geschlossen ist. Der Dampfeintritt erfolgt durch den Stutzen c, der Dampfaustritt durch den Stutzen d. Letzterer ist im Innern des Apparates bis an den Deckel b verlängert und auf dem größten Teil seiner Länge mit einem Schlitz g versehen. Zwischen dem Boden und dem Deckel des Gefäßes befindet sich eine spiralförmig gewundene Wand ee, die sich einerseits an den Eintrittsstutzen c, andererseits an den verlängerten Austrittsstutzen d anschließt. Unten ist diese Spiralwand durch Dampfwasser, oben durch spiralförmige, der Gestalt der Spiralwand entsprechende Nuten ii des Deckels abgeschlossen. An den nach der Achse des zylindrischen Gefäßes gerichteten Seiten der Wand a und der Spiralwand ee befinden sich haken- und löffelartige Ansätze kk, die sich ziemlich auf die ganze Höhe der Wand ee erstrecken. Die Ansätze kk können sowohl parallel als auch unter einem beliebigen Winkel zur Achse des zylindrischen Gefäßes gelegt werden und sollen dazu dienen, mitgerissene Wasserteilchen aufzuhalten und niederzuschlagen.

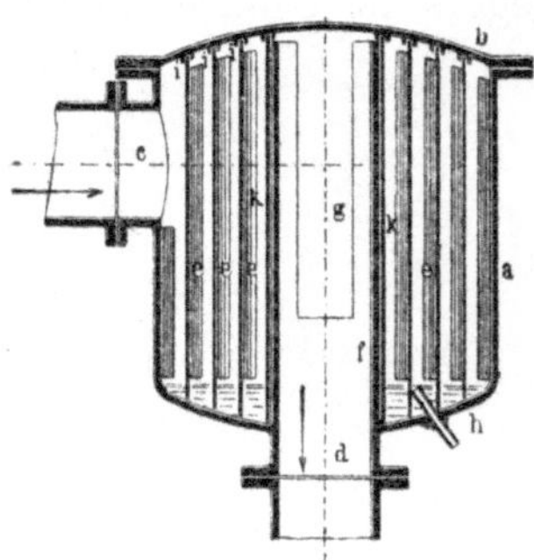

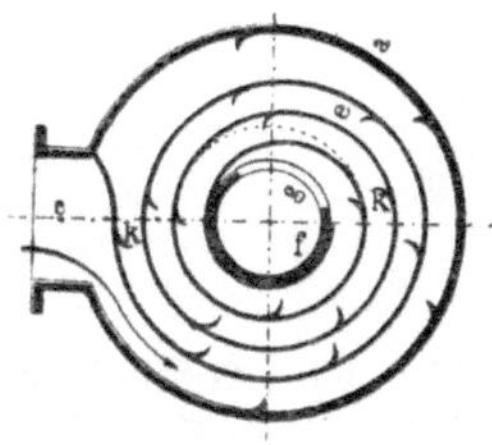

Abb. 64. Abscheider nach D. R. P. 43 195.

Das ausgeschiedene Wasser leitet man durch einen am Boden des Gefäßes befindlichen Ablaßhahn h oder durch einen an gleicher Stelle befindlichen Stutzen nach dem Dampfwasserableiter oder dem Verdampfapparat zurück. Den bei c eintretenden, mit Flüssigkeitsteilchen geschwängerten Dampf führt die Spiralwand ee durch den Apparat nach dem Dampfaustrittsstutzen d. Auf diesem Spiralweg werden die im Dampf enthaltenen Wasserpartikelchen infolge ihrer größeren Schwere durch die Zentrifugalkraft an die inneren Seiten der Spiralwand ee getrieben, die sie, unterstützt von den haken- und löffelförmigen Ansätzen kk, niederschlägt. Der getrocknete Dampf, der den

Apparat auch in entgegengesetzter Richtung durchströmen kann, entweicht bei d.

Den Apparat nach D. R. P. Nr. 155010 veranschaulicht Abb. 65. Die Wandung 6 des Kniestückes 5 ist voll ausgeführt, während die Wandung 7, welche vom Dampf getroffen wird, mit einer Anzahl Öffnungen, Schlitzen oder Kanälen 8 versehen ist, die das Innere des Kniestückes 5 mit dem Sammelbehälter 4 in Verbindung setzen. Diese Kanäle 8 sind mit erhöhten oder überhängenden Randleisten 9 ausgestattet, um das Auffangen der gegen die Wand 7 geschleuderten Wasser-, Öl- oder ähnlichen Teilchen zu unterstützen.

Der Dampfstrom gelangt zunächst nach einem gegebenenfalls vorgesehenen ringförmigen Ansatz 5 a, der gleichfalls Niederschlagsteilchen auffangen und ableiten kann. Der Hauptzweck dieser Einrichtung soll aber der sein, Niederschlagswasser, welches längs des Leitungsrohres von dem Kniestück herabläuft oder niedertropft, aufzufangen und in dem ringförmigen Raum 10 zu verteilen, aus welchem das Wasser durch Öffnungen oder Kanäle 11 in den Sammelbehälter abfließt. Die etwa nicht aufgefangenen Wasserteilchen werden später von den Schlitzen, Öffnungen oder Kanälen 8

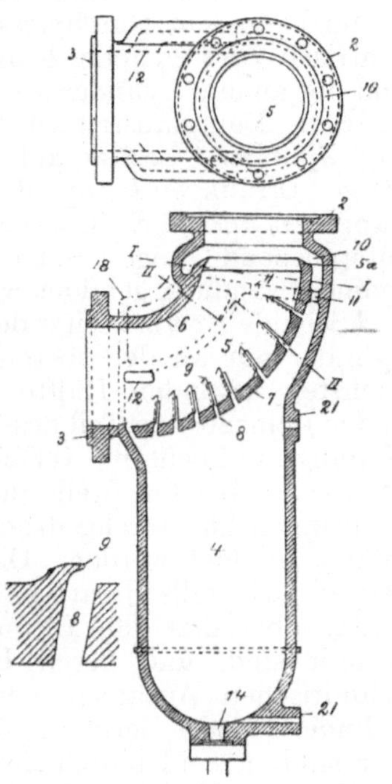

Abb. 65. Abscheider nach D. R. P. 155010.

aufgefangen und gelangen von hier nach dem Innenraum des Sammelbehälters 4. Eine Öffnung 12 gestattet, daß etwa in den Sammler eintretender Dampf zurück nach dem Hauptstrom in das Kniestück 5 gelangen kann. Die ausgeschiedene Flüssigkeit zieht man durch 14 ab. Die Stutzen 21, 21 können zur Aufnahme eines Flüssigkeitsstandanzeigers dienen. Bei der abgebildeten Ausführungsform ist angenommen, daß das mit Flansch 2 und 3 ausgerüstete Kniestück ein senkrechtes Rohr mit einem wage-

recht liegenden verbindet, und daß der Dampf aus ersterem
in letzteres strömt. Die Einrichtung kann aber auch so getroffen sein, daß der Dampf sich in entgegengesetzter Richtung bewegt, oder daß beide Rohre wagerecht liegen.

Die Abb. 66 stellt den Abscheider nach D. R. P. Nr. 293 551
dar. In dem Gehäuse a ist der Zylinder b befestigt, dessen
Hohlraum durch eine eingesetzte Wand d in zwei Teile zerlegt ist. In jedem dieser Teile befinden sich Zylinder f und
h von kleinerem Durchmesser. Der eine Zylinder f ist konzentrisch zum Zylinder b und zum Dampfeintrittsstutzen g,
und der andere Zylinder h ist exzentrisch zum Zylinder b und
an dem Dampfaustrittsstutzen i anschließend angeordnet.
Der Zylinder f besitzt auf seinem ganzen Umfang schlitz-
artige Öffnungen k, an deren Ränder sich schaufelartige
Lappen m ansetzen, die zweckmäßig durch die den Schlitzen k
entsprechend eingeschnittene und nach außen gedrückte
Zylinderwandung gebildet werden. Gleichartige Öffnungen n
und Schaufeln o b m besitzt der Zylinder h, die jedoch an diesem
Zylinder nur an der oberen, der Achse des Zylinders b am
nächsten liegenden Hälfte angebracht sind. Der den Zylinder f umgebende Teil des Zylinders b ist auf seinem ganzen
Umfang mit Löchern p versehen, deren Ränder mit Ausnahme
der an der tiefsten Stelle der Zylinderwandung befindlichen
nach innen hin durchgedrückt sind, so daß zylindrische Ansätze r gebildet werden. Die andere Hälfte des Zylinders b
besitzt gleichfalls derartige Löcher s, die aber hier nur ungefähr über den den Öffnungen n gegenüberliegenden Teil
verteilt sind, und deren Lochränder nach außen hin zu
zylindrischen Ansätzen t durchgedrückt sind. Die beiden
Zylinder b und h berühren sich an ihren tiefsten Stellen, und
hier sind in beiden sich deckende Löcher u angebracht.

Der Dampf strömt durch den Stutzen g in den Zylinder f
und von hier durch die Öffnungen k in den Hohlraum zwischen den Zylindern b und f. Bei diesem Durchströmen
lenken ihn die Schaufeln m derart ab, daß er eine kreisende
und gleichzeitig wirbelnde Bewegung erhält und somit über
die Innenwandung des Zylinders b streicht. Infolge dieser
schnellen kreisenden Bewegung werden die schweren, im
Dampf enthaltenden Wasserteilchen nach außen und somit
gegen den Zylinder b geschleudert, und da der Dampf sich
auch an den Rändern r stark reibt und stößt, so wird während
dieser Bewegung des Dampfes ein starkes Abscheiden des
in ihm enthaltenen Wassers erzielt, das durch die tiefstliegen-

den Löcher *p* auf den Boden des Gehäuses *a* und durch das
hier anschließende und unter dem tiefsten Flüssigkeitsspiegel
im Verdampfer mündende Rohr *w* in diesen zurückfließt.
Der Dampf hingegen strömt durch die Löcher *p* in das Gehäuse *a* und von hier durch die Löcher *s* in den Hohlraum
zwischen den Zylindern *b* und *h*. Dabei reibt und stößt er

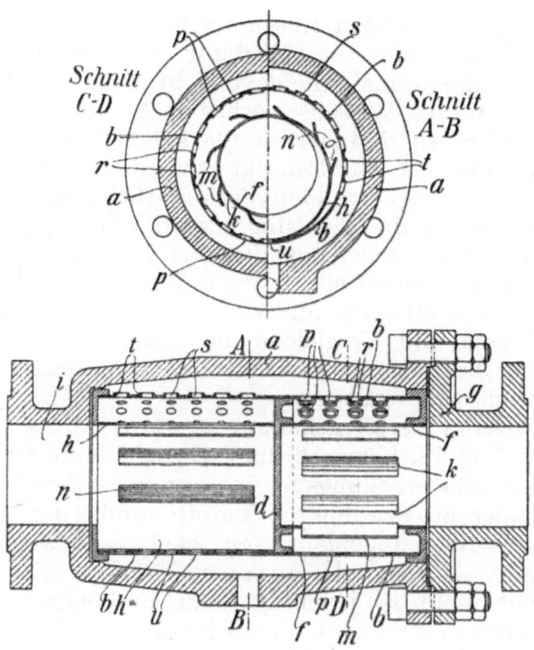

Abb. 66. Abscheider nach D. R. P. 293 551.

sich wieder an den Rändern *t*, so daß auch an diesen Stellen
Wasser abgeschieden wird, das durch die Löcher *u* und das
Rohr *w* gleichfalls abfließt.

Beim Durchströmen der Öffnungen *n* wird dem Dampf
durch die Schaufeln *o* alsdann wieder eine kreisende Bewegung
erteilt, die ein nochmaliges Ausschleudern von gegebenenfalls noch vorhandenen Wasserteilchen bewirken soll. Der
Dampf tritt also in getrocknetem Zustande durch den Stutzen *i*
zur Verbrauchsstelle.

Damit wäre die das Gebiet der Schaum- und Flüssigkeitsabscheider behandelnde deutsche Patentliteratur in der

Hauptsache erschöpft. Auf den praktischen Wert der einzelnen Einrichtungen werden wir, soweit es noch nicht geschehen ist, am Schlusse der Abhandlung zurückkommen.

VI. Über die effektive Wirkung und den Energieverbrauch der Abscheider.

Wie schon im ersten Abschnitt bemerkt, sind Versuchswerte über die effektive Wirkung und den Energieverbrauch von Schaumabscheidevorrichtungen an Verdampfapparaten unseres Wissens seither nicht allgemein zugänglich geworden, so daß wir diesbezüglich nur Schlüsse aus
ähnlichen, die bei Verdampfapparaten vorliegenden Verhältnisse nicht berührenden Veröffentlichungen zu ziehen
vermögen. Wenn eine Sichtung des offenkundig gewordenen
Materials deshalb auch für die uns interessierenden Fälle
nur bedingte Bedeutung besitzen kann, so soll sie doch
an dieser Stelle erfolgen, und zwar deshalb, um daraus wertvolle Schlüsse und Vergleiche mit konkreten, für uns von
besonderer Bedeutung erscheinenden experimentellen Versuchsergebnissen abzuleiten.

Von älteren Veröffentlichungen ist der 1894 von Compère auf dem 18. Kongreß der Oberingenieure französischer
Dampfkesselüberwachungsvereine gegebene Bericht über Abdampfentöler zu erwähnen (Compte rendu des séances du
18. Congrès des ingénieurs en chef des associations de
propriétaires d'appareils à vapeur 1894). Eine ebenfalls
ältere, mit nicht in jeder Hinsicht hinlänglichen Einrichtungen vorgenommene Untersuchung, betreffend die Wirkung eines Wasserabscheiders in Dampfleitungen, soll die
von F. L. Emvry[19]) sein, die deshalb auch für uns lediglich
historischen Wert besitzt. Man ersieht aber hieraus, daß
sogar auf diesem Gebiete seither nur vereinzelt Autoren
hervorgetreten sind.

Von neueren Versuchen sind dann die mit Abdampfentölern in der Dampftechnischen Versuchsanstalt des Bayerischen Revisionsvereines in München vorgenommenen bemerkenswert[20]). Diese Versuche wurden vorgenommen an einer
Dampfmaschine von 225 mm Zylinderdurchmesser, 600 mm

---

[19]) Test of a „Steam-Separator", Transactions of A. S. M. E.
1899, 485.
[20]) Vgl. Zeitschr. d. Ver. d. Ing. **54**, 1969 usf. (1910).

Kolbenhub, 50 mm Kolbenstangendurchmesser und 120 Uml./ Min., ausgestattet mit einem Oberflächenkondensator und einer durch Elektromotor angetriebenen Kondensatorluftpumpe. Die zu prüfenden Entöler wurden unmittelbar hinter dem Dampfzylinder in der nach dem Kondensator führenden Auspuffleitung eingebaut. Hinter dem Entöler befand sich eine Drosselklappe, mit der der Gegendruck beliebig regelbar war. Der entölte Abdampf durchströmte dann den Oberflächenkondensator, wo er niedergeschlagen wurde, und das daraus gebildete Dampfwasser gelangte zu einem Wägebehälter.

Bei den Versuchen wurden ermittelt:

1. der Dampfverbrauch der Maschine,
2. der Dampfdruck vor und hinter der Maschine,
3. die dem Dampfzylinder zugeführte Ölmenge,
4. der Spannungsabfall beim Durchgang des Dampfes durch den Entöler,
5. der Ölgehalt des Dampfes vor und hinter dem Entöler.

Untersucht wurde ferner der Einfluß des Zusatzes fetter (verseifbarer) Öle zu den Mineral-Zylinderschmierölen, der die Zähflüssigkeit der Mineralöle und deren Flammpunkt herabmindert und dem Schmieröl bei den im Dampfzylinder in Frage kommenden Temperaturen, besonders bei der Anwendung überhitzten Dampfes, schon eine merklich gesteigerte Verdampfbarkeit verleiht, die naturgemäß auf die Ausscheidung des Öles aus dem Dampf erschwerend wirken muß. Aus diesem Grunde gelangte auch sowohl Sattdampf als überhitzter Dampf bei den Versuchen zur Anwendung. Schließlich sollten diese Versuche zahlenmäßig Klarheit verschaffen über den durch die Veränderung der Spannung des aus der Maschine austretenden Dampfes (Auspuff- und Kondensationsbetrieb) bedingten Einfluß.

In diesem Sinne fand die eingehende Untersuchung von 16 Abdampfentölern verschiedener Bauart statt, welche entsprechend ihrer Wirkungsweise in drei Gruppen geteilt wurden: Schleuderkraftentöler, Stoßkraftentöler und vereinigte Schleuder- und Stoßkraftentöler. Die auf Stoßkraft beruhenden Entöler waren im Durchschnitt in Leistungsfähigkeit unterlegen.

Die mit den verschiedenen Apparaten gewonnenen Versuchsergebnisse erwiesen sich als außerordentlich divergierend, ebenso die Hauptabmessungen derselben, welcher Umstand

auch hier zu der Annahme einer auf diesem Gebiete vor-
herrschenden beträchtlichen Unsicherheit der Konstrukteure
führte.

Bei Bremsleistungen von 40 bis 60 PS der Maschine
wurde mit einem mittleren Dampfüberdruck bis zu 11,61 at
gearbeitet und auf Dampfmengen von 310 bis 650 kg/st
wechselweise 30 bis 200 g Öl verschmiert. Je nach dem Grad
der Vollkommenheit der Wirkung untersuchter Abscheider
fanden sich 6,8 bis 317,99 g Ölgehalt in 1000 kg Kondensat,
und ausgeschieden wurden von der im Zylinderdampf enthaltenen Ölmenge in maximo 98,5%. Der hierbei beobachtete
Spannungsabfall bewegte sich zwischen 0,02 bis 0,08 at. Bei
der auf Grund der Versuchsergebnisse vorgenommenen Beurteilung der geprüften Konstruktionen kommt die Dampf-
technische Versuchsanstalt zu dem Schluß, daß ein gut
wirkender Entöler unabhängig von der Dampfmenge das
Öl aus dem Dampf entfernen muß, sei es durch Schleuder-
oder durch Stoßwirkung, und er muß ferner das einmal
ausgeschiedene Öl schnellstens aus dem Bereich des Dampfstromes bringen. Von großer Wichtigkeit ist es auch, daß
das am Boden des Entölers angesammelte Ölwassergemisch
zuverlässig und rasch aus diesem abgeführt wird.

Diese Bedingungen vermögen wir, allerdings mit Ausnahme der ersten, auch für die Beurteilung der Brauchbar-
keit von Schaumabscheidern nur analog zu unterstreichen. Die
Leistung eines Apparates kann jedoch keinesfalls beliebig
variabel sein, sondern sie muß sich in den durch seine Abmessungen bedingten Grenzen halten, und zwar möglichst
konstant. Denn bei der bereits im dritten Abschnitt geschilderten Schwierigkeit des Unschädlichmachens der durch
den Dampfstrom auf die im Dampf enthaltenen Partikelchen flüssiger Anteile ausgeübte Beeinflussung kann man
billigerweise von den Einbauteilen genannter Apparate nur
die Bewältigung einer in allermäßigsten Grenzen gehaltenen
Leistungsschwankung verlangen, es sei denn, daß die Bauart
des Abscheiders seine Einstellung für verschiedene Leistungen
gestattet.

Eine von den untersuchten 16 Entölerbauarten veranschaulicht Abb. 67; sie gehört zu den nach dem Schleuder-
oder Fliehkraftprinzip arbeitenden und besteht aus einem senkrecht in die Abdampfleitung eingebauten gußeisernen Zylinder,
in dem eine durch den Dampfstrom in Drehung versetzte
Schleudertrommel mit senkrechter Achse angeordnet ist.

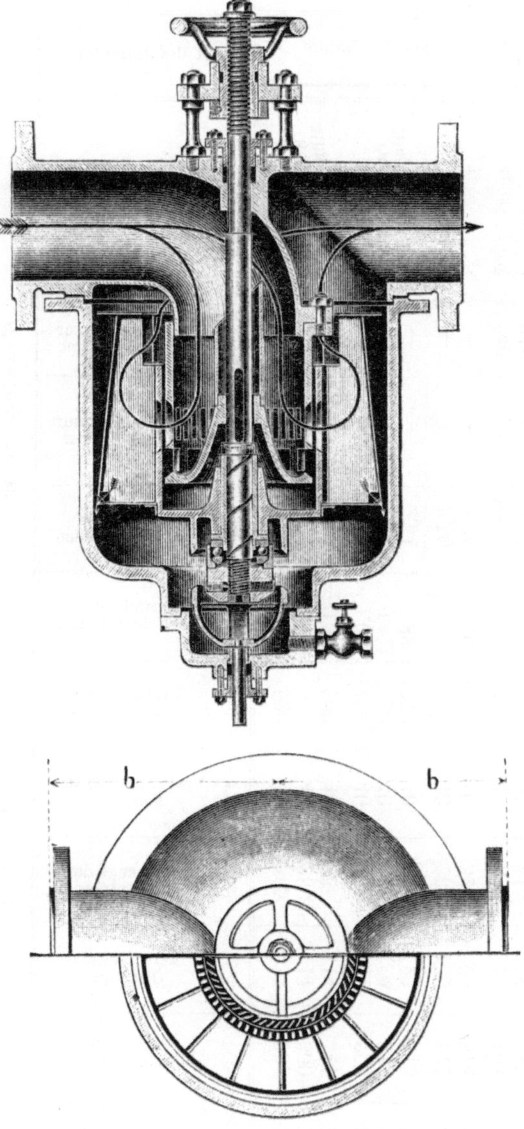

Abb. 67.
Nach dem Schleuderkraftprinzip arbeitender Abdampfentöler mit umlaufenden Einbauteilen.

Zahlentafel 2.

Versuchsergebnisse, gewonnen mit dem Abdampfentöler Abb. 67

G = Gegendruck, A = Auspuff, K = Kondensation.

Versuchsnummer	Art des Dampfes	Art des Öles	Art des Maschinenbetriebes	Dampftemperatur vor der Maschine	Dampftemperatur vor dem Entöler	Dampfdruck vor der Maschine	Dampfdruck hinter dem Entöler	Drehzahl des Laufrades	Bremsleistung der Maschine	Dampfmenge durch den Entöler	Verschmierte Ölmenge	Ölgehalt des Dampfes vor dem Entöler	Ölgehalt des Kondensates	Ausgeschiedenes Öl, bezogen auf den Ölgehalt des Zylinderdampfes
				° C	° C	at	at	D/min.	PS	kg/st	g/st	g/1000 kg	g/1000 kg	%
1	Gesättigter Dampf	Reines Mineralöl	G	—	—	8,64	1,03	500	40	485	114·	236	11,7	95,1
2			A	—	—	8,77	0	—	40	380	114	300	19,6	93,5
3			K	—	—	9,41	—0,86	900	40	335	114	341	16,8	95,1
4		Fettes Mineralöl	G	—	—	9,45	1,06	490	40	465	122	263	10,0	96,2
5			A	—	—	9,51	0	750	40	385	122	318	29,8	90,7
6			K	—	—	9,51	—0,86	1270	40	325	122	376	18,0	95,2
7		Heißdampf-Öl	A	—	—	8,50	0	720	40	365	100	275	19,7	92,8
8			K	—	—	8,94	—0,86	1250	40	320	100	314	10,5	96,6
9	Überhitzter Dampf	Heißdampf-Öl	G	249	121	10,2	1,00	400	43	390	118	304	15,7	94,8
10			A	244	Sattdampf	9,82	0	900	55	415	118	285	16,8	94,1
11		Fettes Heißdampf-Öl	G	259	123	10,07	1,08	390	43	395	123	312	20,6	93,4
12			A	256	Sattdampf	9,94	0	880	55	410	123	300	24,4	91,8

Der in den Entöler eintretende Dampf durchströmt zunächst ein feststehendes Leitrad und erteilt sodann einem Laufrade, dessen Achse in einem Spurkugellager gestützt ist, und der am Laufrade befestigten Schleudertrommel mit Blechscheidewänden beim Durchströmen eine schnelle Drehbewegung. Die im Dampf enthaltenen Ölteilchen sollen durch die Fliehkraft an die Begrenzungsflächen der Trommel geschleudert werden und an ihnen und an den Scheidewänden abfließen. Die Beaufschlagung des Laufrades und damit die Umlaufzahl der Trommel werden durch senkrechtes Verstellen des Leitrades beeinflußt. Der durch die Schleudertrommel geströmte Dampf gelangt durch einen im oberen Teil des Entölers angeordneten Ringraum zum Austrittstutzen, während das Ölwassergemisch an den Trommelwandungen in den unteren freien Teil des Gehäuses fließt und von hier abgeführt wird.

Die Ergebnisse der an dem Entöler Abb. 67 vorgenommenen Versuche sind in der Zahlentafel 2, in übersichtlicher Weise geordnet, zusammengestellt. Die Werte der Zahlentafel bestätigen im Durchschnitt die Annahme, daß der Zusatz fetter, also verseifbarer und leichter verdampfender Öle und die Anwendung überhitzten Dampfes die Wirkung der Entöler etwas vermindert, wenn auch die bei dem in Frage stehenden Entöler Abb. 67 zutage getretenen Abweichungen nicht von erheblichem Umfang sind. Der durch den Entöler verursachte Spannungsabfall (Energieverbrauch) betrug bei Auspuff- und Gegendruckbetrieb etwa 0,05 at und bei Anwendung der Kondensation etwa 0,08 at. Die mit den nach dem Stoßkraftprinzip arbeitenden Abscheidern gewonnenen Ergebnisse blieben in bezug auf die Abscheidewirkung durchschnittlich mit wenigen Ausnahmen beträchtlich hinter denjenigen der Schleuderkraftentöler zurück.

Versuche an fünf Wasserabscheidern in Dampfrohrleitungen nahm A. Sendtner im Laboratorium für technische Physik der Kgl. Technischen Hochschule in München vor[21]); sie erstreckten sich auf die Feststellung der Abhängigkeit ihres Wirkungsgrades vom Feuchtigkeitsgehalt des Dampfes, von Dampfdruck und Dampfgeschwindigkeit, sowie auf Ermittlung der durch die Abscheider hervorgerufenen Wärmeverluste. Eine Untersuchung des verursachten Spannungsab-

---

[21]) Siehe Heft 98 und 99 der Mitteilungen über Forschungsarbeiten auf dem Gebiete des Ingenieurwesens, Berlin 1911.

falles fand nicht statt. Der Prüfung unterzogen wurden
die durch die Abb. 68 bis 72 schematisch wiedergegebenen
Abscheider, von denen diejenigen nach Abb. 68 und 71 eine
lichte Weite von 50 mm und diejenigen nach Abb. 69, 70
und 72 eine solche von 80 mm besaßen.

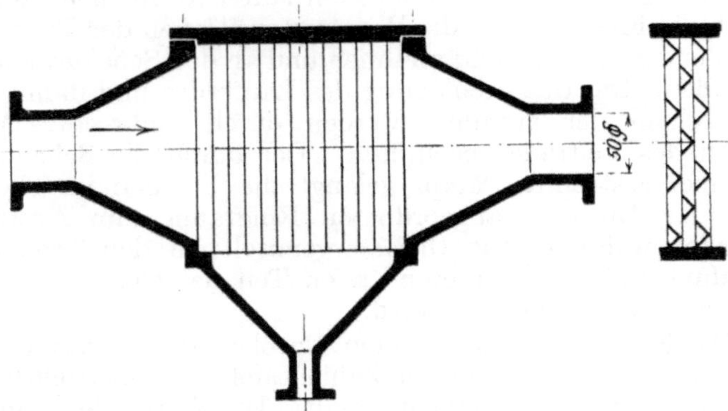

Abb. 68. Abscheider, durch Stoßkraft mittels eingebauten
Gitterwerks wirkend.

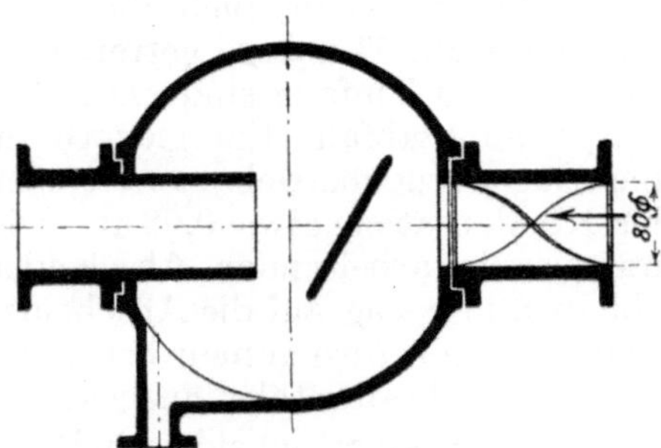

Abb. 69. Abscheider, durch Stoßkraft mittels eingebauter
Prallflächen wirkend.

Unmittelbar am Wasseraustrittstutzen wurde ein stehen-
des Rohr angeschlossen, an welchem ein gewöhnlicher Wasser-
standsanzeiger die Höhe des Wasserspiegels in dem Rohr
erkennen ließ. Das abgeschiedene Wasser gelangte von dieser
Vorrichtung aus durch eine gekühlte Kupferschlange,
welche das Verdampfen des austretenden Wassers verhinderte,

in eine Bürette zwecks Ermöglichung der Regelung der Dampf-
durchflußmenge[22]) und von hier aus in das Meßgefäß. Unmittelbar hinter der Dampfaustrittsöffnung des Abscheiders
befand sich ein Drosselkalorimeter zur Bestimmung der noch
im getrockneten Dampf verbliebenen Feuchtigkeit. Der aus
dem Drosselkalorimeter austretende Dampf wurde in einem
Oberflächenkondensator niedergeschlagen und gemessen.

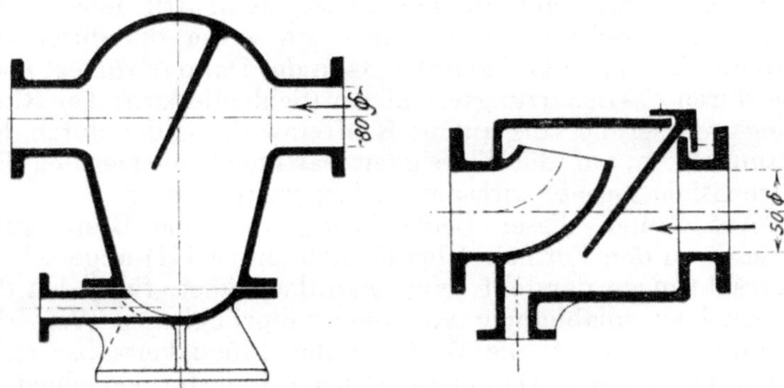

Abb. 70. Abscheider, durch Stoßkraft mittels eingebauter Prallflächen wirkend.

Abb. 71. Abscheider, durch
Schleuderkraft mittels Richtungswechsels wirkend.

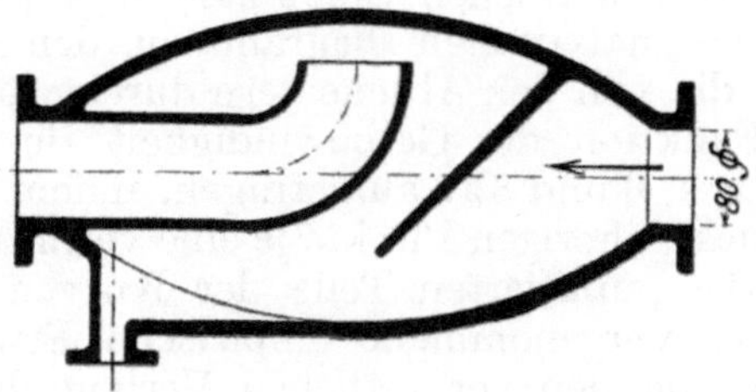

Abb. 72. Abscheider, durch Schleuderkraft mittels Richtungswechsels
wirkend.

Bei einleitenden Versuchen an den Abscheidern Abb. 68
und 69, anläßlich welcher auch probeweise drei Apparate
hintereinander geschaltet wurden, ergab sich die über-
raschende, merkwürdige Erscheinung, daß sich selbst bei

---

[22]) Siehe Seite 70 der Mitteilungen, Heft 98 u. 99.

beträchtlichen Schwankungen in der Dampfnässe vor den
Abscheidern — es wurde mit Dampffeuchtigkeiten von 17,88
bis 1,05% gearbeitet — nicht die geringste Änderung der
Dampffeuchtigkeit hinter den Abscheidern zeigte, woraus
man zu dem auch für uns wichtigen Schluß kam, daß unabhängig von dem Wert der Dampffeuchtigkeit durch einen
Wasserabscheider bei einer bestimmten Dampfgeschwindigkeit stets die gleiche Dampfnässe hindurchgeht, d. h. die feinsten im Dampf enthaltenen Flüssigkeitspartikelchen sind
nur äußerst schwer zu entfernen, da weder die durch die
Erdanziehung (bei horizontaler Bahn des Dampfstromes) noch
die durch dasBeharrungsvermögen (Schleuderkraft bei Richtungswechsel) hervorgerufene Krafteinwirkung der durch den
Dampfstrom auf die Flüssigkeitspartikelchen erzeugten Bewegungskomponente wirksam zu begegnen vermag.

Auf Grund dieser Beobachtung, die eine Bestätigung
unserer an den Formeln I bis IV (Abschnitt III) angestellten
Betrachtungen darstellt, ging man dazu über, für jeden der
Abscheider, unabhängig von dem ursprünglichen Wert der
Dampffeuchtigkeit, die Wirkung der Flüssigkeitsabscheider
bei verschiedenen Dampfspannungen und für verschiedene
Dampfgeschwindigkeiten zu ermitteln. In der Zahlentafel 3
sind die uns interessierenden Ergebnisse dieser Messungen
geordnet, in gekürzter Form zusammengestellt worden. Die
Kurventafeln Abb. 73 und 74 geben die mit den Abscheidern
Abb. 68 und 71 gewonnenen Ergebnisse in graphischer Form
wieder. In den analytischen Diagrammen, den Koordinaten-
systemen ist die von den Abscheidern durchgelassene Feuchtigkeit als Funktion der Geschwindigkeit für Dampfspannungen von 2, 4, 6 und 8 at aufgetragen, indem durch die zu
gleichem Druck gehörigen Punkte je eine vermittelnde Kurve
gelegt ist. Die punktierten Teile der Kurven stellen eine
vom Verfasser vorgenommene empirische Erweiterung der
Systeme dar, die den vermutlichen Verlauf dieser Kurven
für den nicht untersuchten Geschwindigkeitsbereich veranschaulichen soll.

Die Kurven zeigen die mit zunehmender Dampfgeschwindigkeit zunächst rasch sinkende Feuchtigkeit des Dampfes,
die dann über etwa 5 m/sek hinaus im gesamten Zustands-
felde nur mehr sehr geringe Abnahme erkennen läßt. Hervor-
zuheben ist hier ferner ebenfalls die besonders bei den höheren
in der Praxis gebräuchlichen Geschwindigkeiten bessere Wirkung der Abscheider Abb. 71, die auf eine charakteristische

Zahlentafel 3.

Mit den Abscheidern Abb. 68 bis 72 gewonnene Versuchsergebnisse.

Abscheider Abb. 68.			Abscheider Abb. 69.			Abscheider Abb. 70.			Abscheider Abb. 71.			Abscheider Abb. 72.		
Dampf-druck	Dampf-ge-schwin-digkeit	% Wasser im Dampf hinter dem Abscheider	Dampf-druck	Dampf-ge-schwin-digkeit	% Wasser im Dampf hinter dem Abscheider	Dampf-druck	Dampf-ge-schwin-digkeit	% Wasser im Dampf hinter dem Abscheider	Dampf-druck	Dampf-ge-schwin-digkeit	% Wasser im Dampf hinter dem Abscheider	Dampf-druck	Dampf-ge-schwin-digkeit	% Wasser im Dampf hinter dem Abscheider
kg/qcm	m/sek		kg/qcm	m/sek		kg/qcm	m/sek		kg/qcm	m/sek		kg/qcm	m/sek	
2,00	1,38	1,00	—	—	—	2,04	1,16	0,82	2,01	1,80	1,11	2,00	0,53	1,24
2,00	3,88	0,61	—	—	—	2,00	2,30	0,53	2,01	5,30	0,42	1,97	1,52	0,72
2,00	7,38	0,40	—	—	—	2,00	3,80	0,40	2,01	9,95	0,29	1,96	2,72	0,57
2,00	12,40	0,36	—	—	—	2,00	6,78	0,34	1,99	15,90	0,17	1,94	4,50	0,27
2,00	24,9	0,32	—	—	—	2,01	8,38	0,29	—	—	—	2,00	5,95	0,30
4,01	1,16	1,29	4,10	0,43	1,29	4,02	0,41	1,49	4,00	1,27	0,96	3,99	0,37	1,90
4,00	2,58	0,82	4,10	1,11	0,82	4,00	0,67	1,27	4,00	3,53	0,61	3,98	0,07	0,94
4,00	5,04	0,59	4,12	2,42	0,63	4,00	2,00	0,71	4,00	5,71	0,51	4,01	2,06	0,60
3,99	9,75	0,49	3,92	3,03	0,57	4,01	3,93	0,47	4,00	10,5	0,35	3,99	3,46	0,53
4,00	14,90	0,47	4,03	4,28	0,51	4,01	4,88	0,43	4,00	15,3	0,33	4,00	6,11	0,47
6,00	0,53	1,94	6,06	0,15	2,66	6,00	0,44	1,44	6,00	1,40	1,04	6,00	0,57	1,14
6,00	1,63	1,10	5,99	0,69	1,30	6,00	1,00	0,98	6,00	2,80	0,78	6,03	1,18	0,90
6,00	3,29	0,78	6,00	1,14	0,90	0,01	2,25	0,66	6,00	5,06	0,60	6,18	2,19	0,80
6,00	6,39	0,68	6,00	2,18	0,70	6,00	2,59	0,64	6,00	6,55	0,54	6,01	3,76	0,58
6,01	10,7	0,60	6,05	3,94	0,62	6,00	4,02	0,58	6,99	9,65	0,52	—	—	—
8,00	0,62	1,59	7,93	0,11	3,40	8,01	0,16	3,05	1,09	8,00	1,12	8,10	0,56	1,59
8,01	1,24	1,08	8,00	0,17	2,34	8,00	0,43	1,35	2,73	8,01	0,84	8,01	1,94	0,92
8,00	2,72	0,89	8,00	1,20	0,98	7,99	0,80	1,10	4,09	7,98	0,73	8,02	3,07	0,82
8,00	5,00	0,75	8,00	2,07	0,79	7,96	1,57	0,88	5,52	8,01	0,71	—	—	—
—	—	—	7,99	3,05	0,73	8,00	2,81	0,70	8,13	8,00	0,65	—	—	—

Überlegenheit der durch Schleuderkraft (Richtungswechsel)
wirkenden Apparate zu deuten scheint. Die Kurventafeln
führen auch die größere Feuchtigkeit des Dampfes bei höheren

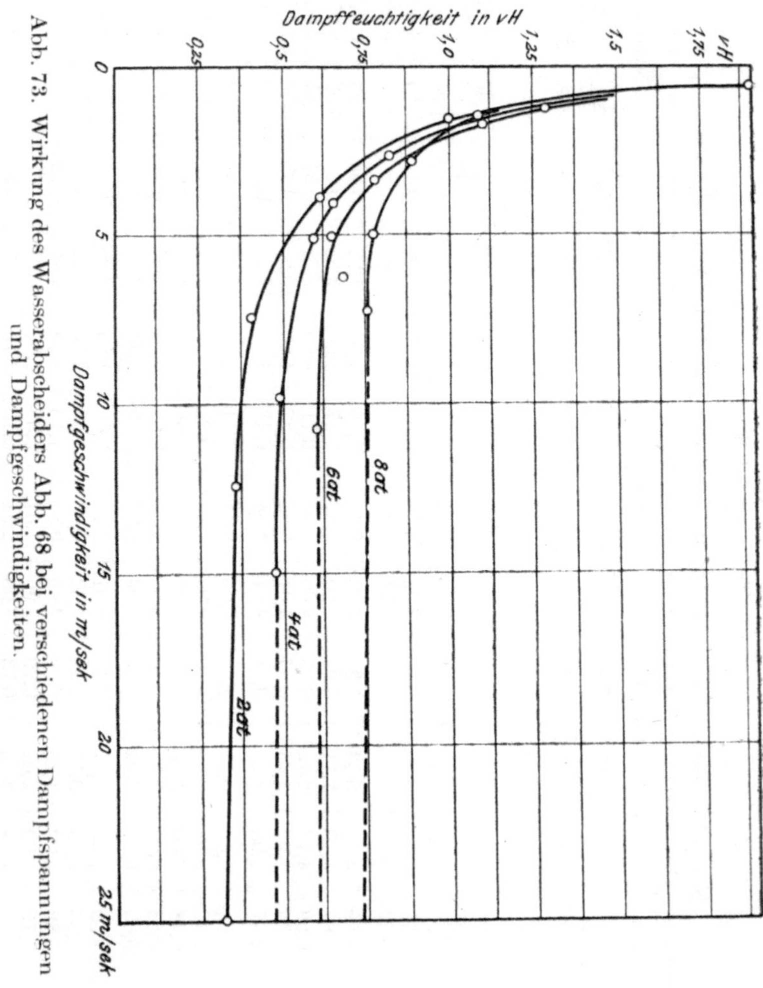

Abb. 73. Wirkung des Wasserabscheiders Abb. 68 bei verschiedenen Dampfspannungen und Dampfgeschwindigkeiten.

Druck vor Augen, welche Tatsache durch die größere Be-
wegungsenergie des Dampfes höherer Spannung begründet
ist [vgl. Formel (II) u. (III) S. 34)]. Durch Formel (V) u. (VI)
S. 36 findet ferner der bei geringen Dampfgeschwindigkeiten

schnell ansteigende Feuchtigkeitsgehalt des Dampfes seine
Erklärung, alles Faktoren, welche auch bei der Wahl der
Abmessungen von Schaumabscheidern für Verdampfapparate
weitestgehende Berücksichtigung erheischen, um befriedigende
Wirkungen mit Sicherheit vorausbestimmen zu können.

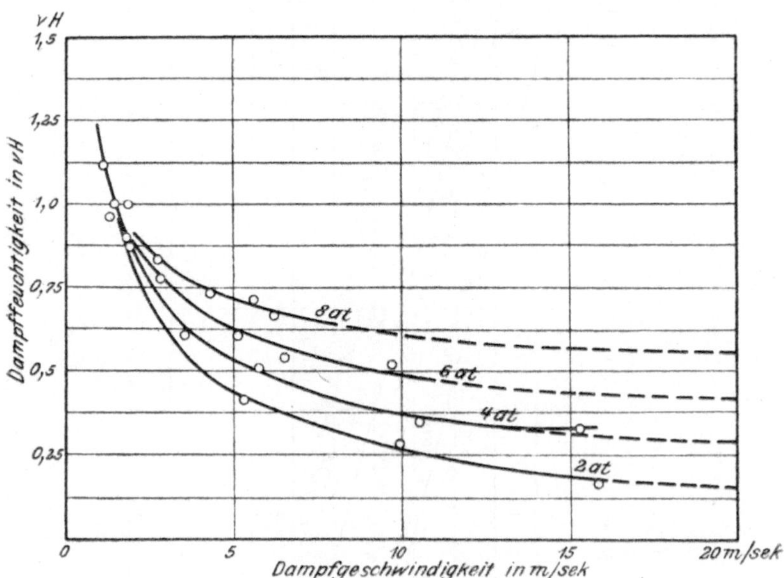

Abb. 74. Wirkung des Wasserabscheiders Abb. 71 bei verschiedenen
Dampfspannungen und Dampfgeschwindigkeiten.

Die bessere Wirkung der Schleuderkraftabscheider tritt
noch besser zutage, wenn wir den Wirkungsgrad der beiden
Abscheider Abb. 68 und 71 in einem gemeinsamen Diagramm
analysieren, in welchem, wie dies das Koordinatensystem
Abb. 75 veranschaulicht, die aus den Schaubildern Abb. 73
und 74 für die Dampfgeschwindigkeit von 20 m/sek ab-
gegriffene Dampffeuchtigkeit als Funktion des Druckes eingetragen ist. Hierbei muß vorausgesetzt werden, daß die will-
kürliche Erweiterung der Kurventafeln Abb. 73 und 74 den
wirklichen, durch praktische Versuche nicht bestätigten Verhältnissen nahekommt, d. h. die korrespondierenden Zustände
darstellt. Um dies zu untersuchen, wurden in dem Diagramm Abb. 75 noch die hinter dem Abscheider Abb. 71 bei

einer Dampfgeschwindigkeit von 10 bzw. 5 m/sek vorhandenen, durch Versuche ermittelten Dampffeuchtigkeiten aufgetragen, die längs der punktierten Kurven verlaufen. Da in

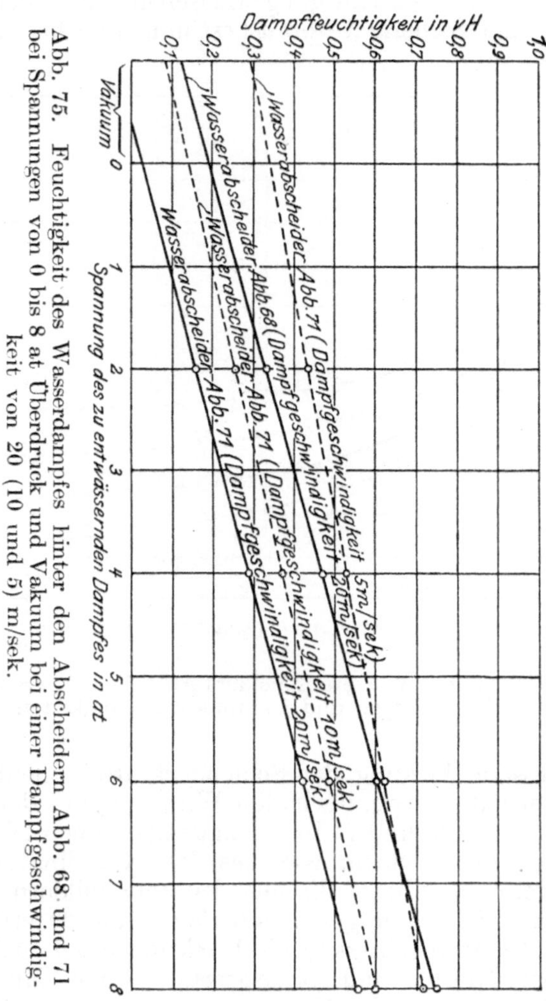

Abb. 75. Feuchtigkeit des Wasserdampfes hinter den Abscheidern Abb. 68 und 71 bei Spannungen von 0 bis 8 at Überdruck und Vakuum bei einer Dampfgeschwindigkeit von 20 (10 und 5) m/sek.

allen Fällen der Verlauf der Kurven lineare Gestalt in Form des Ansteigens der Feuchtigkeit bei zunehmendem Druck zeigt, so darf man hieraus wohl die Richtigkeit der Erweiterung der Kurven Abb. 73 und 74 ableiten. Alle drei Kurven-

tafeln bestätigen uns eine gesetzmäßige, stetige Abhängigkeit der Dampffeuchtigkeit hinter dem Abscheider von der
Dampfgeschwindigkeit und dem Dampfdruck.

Wichtig ist für uns endlich noch die Dampffeuchtigkeit in
Dampfströmen verminderter Spannung (Vakuum), welche
gerade bei Verdampfapparaten und anderen uns interessierenden chemischen Apparaten oft angewandt wird. Mangels
Ausdehung der Versuche auf diese Verhältnisse ist die Basis
des Diagramms Abb. 75 linksseitig um einen Teilstrich, entsprechend 1 at, verlängert worden und für diesen Spannungs-
bereich analog auch die linearen Kurvenäste. Ist die durch
diese Extrapolation gemachte Annahme richtig, was allerdings praktisch nicht ganz zutreffen dürfte, weil uns das Erreichen einer absoluten Wirkung als Grenzbegriff erscheint,
der in der Erfahrung nicht völlig realisiert werden kann, so
würde der Abscheider Abb. 71 bei 20 m/sek Dampfgeschwindigkeit bei etwa 0,6 at/abs (entsprechend 32 cm Hg Luftleere)
schon einen vollständig trocknen Dampf zu liefern vermögen,
während der Abscheider Abb. 68 selbst bei höchstem Vakuum
noch eine Dampffeuchtigkeit von etwa 0,125% bei gleicher Geschwindigkeit durchläßt. Bei einer Dampfgeschwindigkeit von
nur 5 m/sek läßt auch der Abscheider Abb. 71 noch eine
Dampffeuchtigkeit von 2,9% bei höchster Luftleere erwarten. Dieses Ergebnis führt zu der Konsequenz, daß bei
den in Vakuumverdampfapparaten in der Praxis üblichen
Dampfspannungen zur Erzielung einer guten Schaumabscheidung stets Dampfgeschwindigkeiten nicht unter 20 m/sek in
den nach dem Schleuderkraft- oder Stoßkraftprinzip arbeitenden Abscheidern gewählt werden sollten. Im Augenblick des
Richtungswechsels (bei Schleuderabscheidern) bzw. des Auf-
prallens (bei Stoßabscheidern) ist diese Dampfgeschwindigkeit durch Anwendung einer Erweiterung der zu durchströmenden Hohlräume um das Mehrfache zu vermindern,
so daß die geringste Strömungsgeschwindigkeit des Dampfes
nunmehr die mit unverminderter Geschwindigkeit vor-
wärtseilenden Flüssigkeitspartikelchen nur unbedeutend von
ihrer Bahn abzulenken, d. h. nicht mehr mitzureißen in der
Lage ist.

Nach diesen Gesichtspunkten erfolgte die Wahl der Abmessungen des schon im zweiten Abschnitt unter Abb. 16
erwähnten Verdampfers nebst Abscheider, der zwecks Vor-
nahme eingehender Untersuchung der Schaumabscheidevorrichtung mit einem Oberflächenkondensator betrieben wurde.

Einzudampfen hatte der Apparat 5000 l einer stark schaumbildenden Flüssigkeit von 6 bis 7°Bé auf 1000 l in 10 Stunden,
Wasserverdampfung also 400 l/st. Infolge Verarbeitung
einer sehr wertvollen Substanz war die Bedingung zu er-
füllen, daß in einem Kubikmeter des Brüdenkondensats
nicht mehr als 85 ccm der dünnen Flüssigkeit enthalten
sein durften, bei einer Luftleere von nicht unter 66,8 cm Hg-S.
= 9,085 m WS, entsprechend 50° C im Flüssigkeitsraum des
Verdampfers (siehe Zahlentafel 4).

Zahlentafel 4.

Spannkraft des Wasserdampfes bei Temperaturen von 0 bis 100° C.

Temperatur	Spannungen			Vakuum	
° C	at abs	QS mm	WS m	QS cm	WS m
0	0,0061	4,60	0,063	75,540	10,273
5	0,0086	6,53	0,089	75,347	10,247
10	0,012	9,17	0,124	75,038	10,212
15	0,017	12,70	0,176	74,730	10,160
20	0,023	17,39	0,238	74,261	10,098
25	0,031	23,55	0,320	73,645	10,016
30	0,042	31,55	0,434	72,845	9,902
35	0,055	41,83	0,568	71,817	9,768
40	0,072	54,91	0,744	70,509	9,592
45	0,094	71,39	0,972	69,861	9,364
50	0,121	91,98	1,251	66,802	9,085
55	0,155	117,48	1,602	64,252	8,734
60	0,196	148,79	2,026	61,121	8,310
65	0,246	186,95	2,543	57,305	7,793
66	0,257	195,50	2,656	56,450	7,680
70	0,303	233,09	3,163	52,601	7,173
75	0,380	288,55	3,928	47,148	6,408
80	0,466	354,64	4,817	40,536	5,519
82	0,506	384,44	5,230	37,556	5,106
85	0,570	433,04	5,892	32,696	4,444
90	0,691	525,45	7,142	23,455	3,194
92	0,746	566,76	7,711	19,342	2,625
95	0,834	633,78	8,602	12,622	1,706
100	1,000	760,00	10,336	+0	±0

Bei den sorgfältig durchgeführten Versuchen wurden in
mehrstündigem Dauerbetrieb im Durchschnitt an Wasser
450 kg/st aus der Flüssigkeit abgedampft, bei einer Luftleere
von 69,861 cm Hg-S. (= 9,364 m WS) im Raume über bzw.
hinter dem Abscheider. Entsprechend dem rechnerisch ermittelten Dampfvolumen wurde der Schleuderkraft-Schaum-

abscheider auf eine Dampfgeschwindigkeit von 25 m/sek eingestellt, wobei sich der von ihm verursachte Druckverlust auf 0,245 m WS belief. Im Flüssigkeitsraum unter bzw. vor dem Abscheider herrschte demnach eine Luftleere von $9,364 - 0,245 = 9,119$ m WS, womit der gestellten Forderung (Luftleere 9,085 m WS im Flüssigkeitsraum) Genüge geleistet wurde.

Bedingungsgemäß durften nicht mehr als 85 ccm der dünnen Flüssigkeit in 1 cbm Brüdenkondensat nachzuweisen sein, was einer zugelassenen Dampffeuchtigkeit von 0,0085 % gleichkommt. Bei den genannten Versuchen ergab die chemische Analyse in 1 l Brüdenkondensat durchschnittlich 19 mg der dünnen Flüssigkeit (von 6 bis 7° Bé). Unter Berücksichtigung des spez. Gew. der dünnen Flüssigkeit war also die Dampffeuchtigkeit noch unter 0,0019 % gelegen, Ergebnisse, welche sich demnach mit den aus der graphischen Darstellung Abb. 75 gewonnenen gut vertragen.

Nun zum Energieverbrauch! In den voraufgehenden Abschnitten haben wir bereits auf die durch die Anordnung der Abscheider außerhalb der Verdampfapparate bedingten Wärme-(Energie-)verluste hingewiesen. Da man diesem Wärmeverbrauch durch Anordnung der Abscheider innerhalb der Verdampfapparate leicht begegnen kann, so scheidet die Behandlung desselben naturgemäß aus unserer Betrachtung aus. Eine weitere Quelle des Energieverbrauchs liegt dann noch im Spannungsabfall, welchen die Abscheider infolge des Widerstandes, den sie dem durchströmenden Dampf entgegensetzen, bedingen. Die Abscheidung des Schaumes bzw. der Flüssigkeitsanteile aus dem Dampfstrom erfordert als solche einen Kraftaufwand, der einem entsprechenden Energieverbrauch gleichzusetzen ist.

Nun haben wir gesehen, daß die Entführung der Flüssigkeit mit dem Dampfstrom, abgesehen von den speziellen Eigenschaften der Flüssigkeit und weiteren Umständen, in der Hauptsache auf die kinetische Energie des Dampfes zurückzuführen ist; so müßte der erforderliche Kraftaufwand wenigstens dieser Kraftkomponente zuzüglich der Summe der übrigen gleich sein. Aber in Ermanglung der Kenntnis dieser Faktoren müssen wir auf die rechnerische Vorausbestimmung derselben verzichten und auf die den praktischen Verhältnissen Rechnung tragenden Versuchsergebnisse zurückgreifen. Wir werden aber wohl nicht fehlgehen in der allgemeinen Annahme, daß die Schleuderkraftabscheider den höheren Kraftverbrauch bedingen, die Stoßkraftabscheider den geringeren, und daß an letzter Stelle die Schwerkraftabscheider stehen. Denn gut wirkende Abscheider erster Gattung erfordern stets die Anwendung möglichst hoher Dampfgeschwindigkeiten im Augenblick des Abschleuderns, des Richtungswechsels. Die Stoßkraftabscheider kommen mit geringeren Geschwindigkeiten aus, denn ihr Wirkungsgrad erfährt bei Geschwindigkeiten über 10 m/sek hinaus kaum eine merkliche Steigerung (vgl. Diagramm Abb. 73), und die Schwerkraftabscheider müssen naturgemäß bei ganz geringen Strömungsgeschwindigkeiten am besten wirken, indem diesfalls den Flüssigkeitspartikelchen die beste Möglichkeit der Ausscheidung bei horizontaler Strömungsrichtung gegeben ist.

Bei der Untersuchung der Abdampfentöler wurden Druckabfälle von 0,02 bis 0,04 at für die Stoßkraftabscheider beobachtet, der Schleuderkraftentöler Abb. 67 verzehrte aber bereits 0,05 bis 0,08 at, welch letzterer Wert bei Verdampfapparaten, in denen man das ganze zwischen Heizdampf- und Brüdendampftemperatur zur Verfügung stehende Wärme-(Druck-)gefälle mit geringster Einbuße zur Verdampfung zwecks Erzielens hoher Verdampfleistung für die Flächen- und Zeiteinheit nutzbar zu machen trachtet, als viel zu hoch angesehen werden kann. Weil man aber andererseits in Verdampfapparaten im Sinne des Wärmeverbrauches nicht wie bei Kraftmaschinen die Spannkraft des Dampfes, dessen dynamische Energie, sondern dessen latente Wärme, die thermische Energie nutzbar macht, so findet eine Beeinflussung des Dampfverbrauches durch den durch die Abscheider verursachten Spannungsabfall in den Grenzen der in Frage kommenden Verhältnisse nicht statt, sondern lediglich die Menge der durch die Heizflächen übergehenden Wärme, die Verdampfleistung, bezogen auf die Zeit- und Flächeneinheit, wird, da von der Größe des wirksamen Temperaturgefälles abhängig, dem durch den Abscheider bedingten Druckabfall entsprechend herabgemindert. Mit anderen Worten: die Expansion bedingt keinen nennenswerten Energieverlust, da sie nicht mit einer merklichen Wärmeabsorption verbunden ist.

Ohne Rücksicht auf den Druckverlust können gut wirkende Abscheider jedoch den Dampfverbrauch nur günstig beeinflussen, weil sie, Verluste an dünner Flüssigkeit vermeidend, die Erzeugung konzentrierter Substanz auf kür zestem Wege gestatten. Um aber mit einem Verdampfapparat ein Maximum an quantitativer Verdampfleistung erreichen zu können, muß der Widerstand des Abscheiders auf ein Minimum beschränkt bleiben. Hierbei sei gleichzeitig noch auf diejenigen Fälle verwiesen, bei welchen die Empfindlichkeit der einzudampfenden Substanz jedwede unnötige Steigerung des Siedepunktes verbietet, also der geringste Widerstand des Abscheiders gleichfalls den idealen Zustand kennzeichnet.

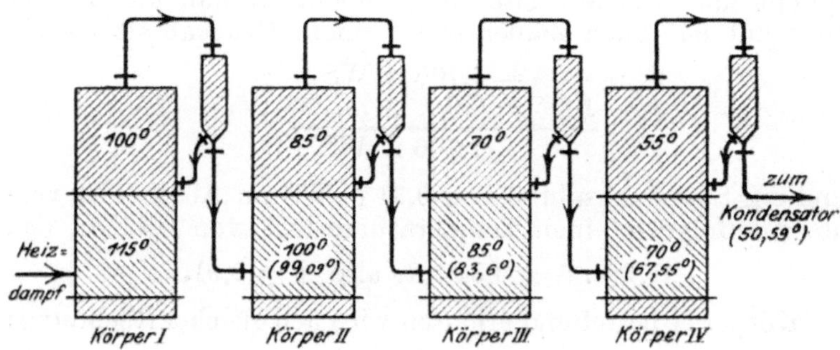

Abb. 76. Schema einer Vierkörper-Verbund-Vakuum-Verdampfanlage zur Berechnung des durch den Einbau der Schaumabscheider hervorgerufenen Druck- bzw. Temperaturgefällverlustes.

Zur besseren Erläuterung des Gesagten sei der Einfluß der Abscheider diesbezüglich noch an einem fiktiven Zahlenbeispiel erläutert. Die Abb. 76 zeigt das Schema einer Vierkörper - Verbund - Vakuum - Verdampfanlage, in der jeder Verdampfkörper mit einem Abscheider ausgestattet sei. In der Heizkammer des ersten Körpers herrsche eine Temperatur von 115° C, im Kochraum des vierten Körpers eine solche von 55° C. In der Körperkette steht folglich ein Gesamtwärmegefälle von $115 - 55 = 60°$ C zur Verfügung. Nehmen wir an, daß sich dieses auf alle vier Körper gleichmäßig verteile, dann erhält jeder Körper, abgesehen von den durch die Eigenschaft der einzudampfenden Flüssigkeit, die Höhe der Flüssigkeitsschicht, die Widerstände in den Brüdenrohrleitungen und den Heizkörpern und den Luft-(Gas-)gehalt des Brüdendampfes verursachten Gefällverlusten, ein aktives Wärmegefälle von 15° C.

Die Temperaturen betragen also:

	im Heizraum	im Kochraum
des ersten Körpers	115° C	100° C
„ zweiten „	100° C	85° C
„ dritten „	85° C	70° C
„ vierten „	70° C	55° C

Angenommen, jeder Abscheider verursache einen Druckverlust von 0,03 at. Da 1 at = 10,336 m WS, so sind 0,03 at = 0,03 · 10,336 = 0,31 m WS. Körper I betreffend, entspricht nun beispielsweise ein Temperaturabfall um 5° von 100° auf 95° nach Zahlentafel 4 einem Druckabfall von:

$$95° = 1,706 \text{ m WS}$$
$$\underline{100° = 0,0 \quad \text{„ „}}$$
$$1,706 \text{ m WS,}$$

und ein Spannungsabfall von 0,31 m WS im Abscheider verursacht folglich einen Temperaturverlust von 0,91° C, da:

$$1,706 : 5 = 0,31 : x, \text{ also } x = 0,91.$$

Körper II betreffend erhalten wir nach gleicher Rechnung:

$$82° = 5,106 \text{ m WS}$$
$$\underline{85° = 4,444 \text{ „ „}}$$
$$\text{Druckabfall } 0,662 \text{ m WS,}$$

und Temperaturverlust im zugehörigen Abscheider = 1,40° C, da:

$$0,662 : 3 = 0,31 : x, \text{ also } x = 1,40.$$

Körper III:

$$66° = 7,680 \text{ m WS}$$
$$\underline{70° = 7,173 \text{ „ „}}$$
$$\text{Druckabfall } 0,507 \text{ m WS,}$$

und Temperaturverlust im Abscheider 2,45° C, da:

$$0,507 : 4 = 0,31 : x, \text{ also } x = 2,45.$$

Körper IV:

$$50° = 9,085 \text{ m WS}$$
$$\underline{55° = 8,734 \text{ „ „}}$$
$$\text{Druckabfall } 0,351 \text{ m WS,}$$

und Temperaturverlust im Abscheider 4,41° C, da:

$$0,351 : 5 = 0,31 : x, \text{ also } x = 4,41.$$

Additiv somit Gesamtverlust in den vier Abscheidern:

$$
\begin{array}{lll}
\text{Körper I} & \ldots\ldots & 0{,}91^\circ\,\text{C} \\
\text{Körper II} & \ldots\ldots & 1{,}40^\circ\ ,, \\
\text{Körper III} & \ldots\ldots & 2{,}45^\circ\ ,, \\
\text{Körper IV} & \ldots\ldots & 4{,}41^\circ\ ,, \\
\hline
\text{Gesamtverlust} & \ldots & 9{,}17^\circ\,\text{C,}
\end{array}
$$

und in den Heizkammern der Körper II, III und IV haben wir nicht 100, 85 bzw. 70° Dampftemperatur, sondern nur 99,09, 83,6 bzw. 67,55° (siehe die eingeklammerten Zahlenwerte in Abb. 76) infolge Einschaltung der Abscheider. Und das Gesamtgefälle von $115 - 50{,}59 = 64{,}41^\circ$ C (siehe Abb. 76) vermindert sich um 9,17° C von

$$
\begin{array}{r}
64{,}41^\circ\,\text{C} \\
-\quad 9{,}17^\circ\ ,, \\
\hline
\text{auf}\quad 55{,}24^\circ\,\text{C,}
\end{array}
$$

d. h. die vier Abscheider bedingen einen Wärmegefällverlust von 14,24% des Gesamtgefälles. Steigt bzw. fällt die quantitative Verdampfleistung einfach proportional dem Wärmegefälle, dann erfährt auch sie eine Verminderung um 14,24%.

Wir ersehen aus der durchgeführten Rechnung, daß vorzugsweise niedriggespannter Dampf bereits auf eine sehr geringe Spannungsverminderung mit einem beträchtlichen Temperaturabfall reagiert; man darf also bei Verdampfanlagen, in denen wärmeempfindliche Lösungen unter Vakuum bei möglichst niedriger Temperatur eingedampft werden sollen, die durch die Schaumabscheidung zu erwartenden Verluste in der Rechnung nicht vernachlässigen bzw. muß stets Schaumabscheiderbauarten anzuwenden trachten, die mit einem Verlustminimum gute Wirkungen zu erzielen vermögen. Im Diagramm Abb. 77 sind die soeben für die vier Dampfspannungen errechneten Temperaturverluste eingetragen und durch die erhaltenen Endpunkte eine Kurve gelegt worden. In dem Schaubild beobachten wir den gegen die Abszissenaxe konvexen Verlauf der Kurve und das schnelle Wachstum des Temperaturverlustes mit abnehmender Dampfspannung sowie die geringen Verluste bei Dämpfen höherer Spannung unter konstantem Widerstand des Abscheiders.

Hierdurch ist auch gleichzeitig die wenig rationelle Arbeitsweise der Schaumabscheideeinrichtung nach Abb. 51 dargetan, von der der Erfinder sagt, daß ihre befriedigende Wirkung durch einen erheblichen Druckabfall, den sie hervorruft, erzielt wird.

Anschließend an den soeben erörterten Energieverbrauch der Abscheider bleibt noch einiges über die Art des Einbaues derselben zu sagen. Jeder Abscheider muß die Abführung der von ihm aus dem Dampfstrom ausgeschiedenen Flüssigkeitsmengen auf schnellstem Wege ermöglichen, damit eine Ansammlung der letzteren, die Ursache zu neuer Schaumbildung gibt, ausgeschlossen ist. Die Untersuchung vieler Fälle der Praxis zeigte dem Verfasser, daß die mangelhafte Wirkung

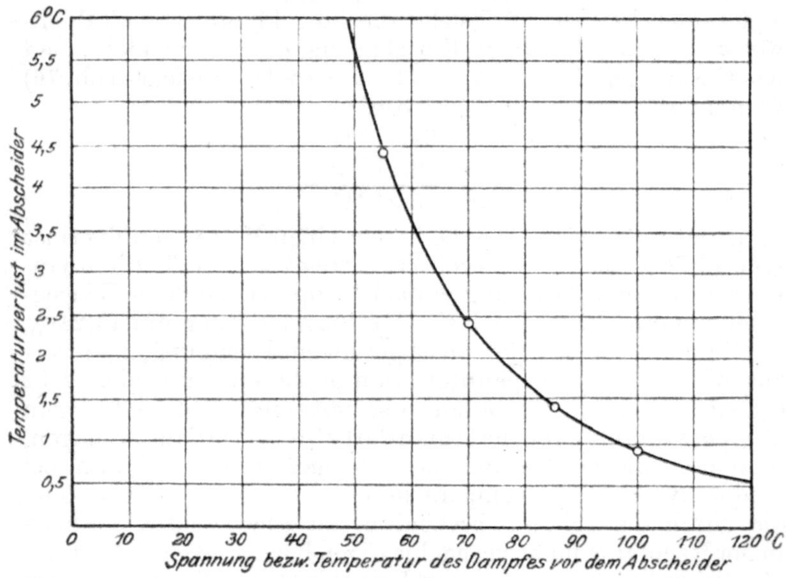

Abb. 77. Diagramm der Temperaturverluste in einem mit einem Widerstand von 0,31 m WS arbeitenden Abscheider für einen Spannungsintervall entsprechend Dampftemperaturen von 0 bis 120° C.

mancher Abscheider weniger auf das Versagen in bezug auf die Abscheidung flüssiger Anteile bzw. Vernichtung des Schaumes, als auf die unzureichende Abführung der ausgeschiedenen Flüssigkeit zurückzuführen war. In solchen Fällen füllt sich trotz sonst guter Wirkung des Abscheiders dessen ganzer Hohlraum mit Schaummassen an, die mit übergerissen werden. Ohne nach der Ursache des Mißerfolges zu forschen, wird dann sehr oft der Abscheider als ungeeignet verworfen, während in Wirklichkeit lediglich die unzureichende Abführung der Flüssigkeitsmassen die Ursache des Versagens ist. Besonders stark schäumende Flüssigkeiten (z. B. Leimbrühen) reichern den Brüdendampf dermaßen mit Flüssigkeit an, daß die aus den Abscheidern abzuführenden Flüssigkeitsmengen, die zuweilen ein Mehrfaches des Dampfgewichts ausmachen, von diesem wohl restlos ausgeschieden, aber nicht in den Flüssigkeitsraum des Verdampfers zurückgeführt werden können, sich also im Abscheider anstauen müssen, wo sie der durchströmende Brüdendampf wieder zu neuen Schaummassen aufbläht, die er entführt.

Die Ursache derartiger Störungen kann in zu engem Rücklaufrohr bzw. nicht hinreichendem Gefälle für den Rücklauf liegen. Die Art der Anordnung des Abscheiders im oder am Verdampfer bringt es mit sich, daß gewöhnlich nur ein ganz beschränktes Gefälle für den Rücklauf zur Verfügung steht, welchem Umstand man durch genügend weite Bemessung des Rücklaufrohres Rechnung zu tragen hat. Dann aber sollte der Abscheider stets möglichst hoch über dem Flüssigkeitsstand im Verdampfer angeordnet werden und in seinem Inneren scharfes Gefälle nach dem Rücklaufrohr zu aufweisen. Bei Vakuumein- und -mehrkörperapparaten ist es allgemein beliebt, die ausgeschiedene Flüssigkeit wieder in den Apparat, aus dem sie entwich, zurückzuleiten. Bei Mehrkörperapparaten dürfte es aber angebracht erscheinen, von diesem Brauch abzugehen und die Flüssigkeit stets in den nächsten, mit entsprechend niedrigerer Spannung arbeitenden Körper abzuleiten, unter Zwischenschaltung eines Absperrorgans. Der dadurch bedingte Übertritt geringer Brüdendampfmengen mit der Flüssigkeit verursacht keinen nennenswerten Verlust, man hat dafür aber andererseits selbst bei geringstem Gefälle absolute Gewähr für restlose, schnelle Abführung der ausgeschiedenen Flüssigkeit. In Druckein- und -mehrkörperanlagen verursacht auch die Ableitung der Flüssigkeit in die Atmosphäre keinerlei Schwierigkeit. Bei Vakuumeinkörperverdampfern kommt in besonderen Fällen noch die Anwendung von Pumpen, insbesondere sog. Rückleiter, zur Entleerung der Abscheider in Frage. In den meisten Fällen reicht aber wohl das zur Verfügung stehende Gefälle bei genügend weit bemessenem Rücklaufrohr und möglichst hoher Anbringung des Abscheiders zur Rückführung der Flüssigkeit in der beabsichtigten Weise aus, wenn es sachgemäß ausgenutzt wird.

Oft ist jedoch auch die unrichtige Anordnung des Abscheiders die einzige Ursache seines Versagens. Diesbezüglich

zeigt uns Abb. 78 eine wohl sehr beliebte, aber grundsätzlich
falsche Anbringung eines Abscheiders[23]), der am Verdampfer
fast in der Höhe des Flüssigkeitsspiegels sitzt, also keinerlei
Gefälle für den Rücklauf zur Verfügung hat. Die punktiert
angedeutete Stellung des Abscheiders zeigt seine richtige
Anordnung[24]).

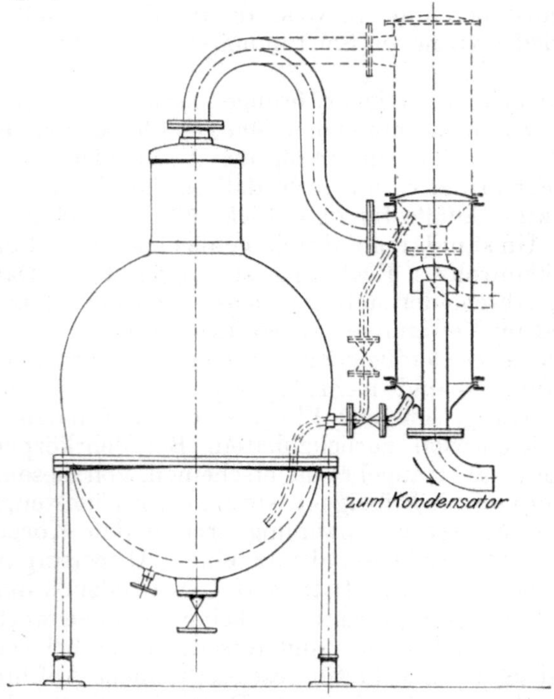

Abb. 78. Falsche und richtige Anwendung eines
Abscheiders an einem Verdampfapparat.

VII. Versuche mit Abscheidern an Wasser-
destillieranlagen.

Im Bereich unserer speziellen Betrachtung lagen im
VI. Abschnitt ausschließlich diejenigen Verdampfer, die der

---

[23]) Siehe auch Parnicke, Die maschinellen Hilfsmittel der Chemischen Technik, 3. Auflage, Fig. 277, eine Ausführungsform von
Volkmar Hänig & Co., Dresden.
[24]) Vgl. auch Chem. Apparatur 2, 246 (1915), Abb. 10.

Erzeugung eines konzentrierten Stoffes — des Verdampfrückstandes — dienen, dessen Gewinnung Zweck des Verfahrens ist. Das Abgedampfte, meist Wasser, mischt sich entweder in der Kondensation mit dem Kühlwasser, mit dem es abfließt (Einspritzkondensation), oder wird aus Oberflächenkondensationen und (bei Mehrkörper-Verbund-Verdampfern) aus den Heizkammern unter der Bezeichnung „Brüdenkondensat" unvermischt wiedergewonnen, teils unter Ausnutzung seines Wärmegehaltes durch direkte Verwendung als Kesselspeisewasser, oder als Wärmeträger in Wärmeaustauschapparaten usw., oder endlich zum Ansetzen weiterer dünner Lösung, die dem Eindampfprozeß wieder zugeführt wird. Eine andere Gattung in der chemischen Technik weitverbreiteter Verdampfapparate, die dann die Bezeichnung: Destillierapparat usw. führt, dient jedoch nicht diesem Zweck, sondern man will mit ihnen das Abgedampfte in Form eines Destillates in möglichst großer Reinheit gewinnen, wobei dann der eingedampfte oder von den wertvollen Bestandteilen befreite Rückstand als wertlos unter der Bezeichnung Abwasser, Lauge usw. abfließt (z. B. Rückstände von Destillierapparaten für Alkohol [das Lutterwasser], Wasserdestillierapparaten usw.), oder als Rückstand mit mehr oder weniger größerem Wert weiter nutzbar gemacht wird (z. B. Destillationsrückstände aus Maische-Destillierapparaten, aus Destillierapparaten für Teer, Harz, Glyzerin usw.).

In jedem Falle gilt es auch hier, das abgedampfte Destillat möglichst rein, also ohne Beimengung von Rückständen, zu gewinnen, d. h. ein Überreißen der Rohsubstanz zu vermeiden. Es berührt demnach auch diese Art von Apparaten den Kreis unserer Betrachtungen.

Eine Abscheideeinrichtung für Destillier- und Rektifizierkolonnen ist beispielsweise in dieser Zeitschrift 1, 308 (1914) Abb. 18 abgebildet und beschrieben worden. Diese auf jedem Boden solcher Kolonnen eingebaute Vorrichtung dient der Verbesserung der Fraktionswirkung jedes einzelnen Bodens, sie kann für stark schäumende Flüssigkeiten noch besondere Ausgestaltung bzw. Verbesserung erfahren, ebenso kann speziellen Fällen auch durch die Wahl eines größeren Bodenabstandes Rechnung getragen werden. Im übrigen sind für Apparate dieser Art ebenfalls die von uns bereits besprochenen allgemeinen Abscheidevorrichtungen in Gebrauch. Dies gilt insbesondere auch für Wasserdestillierapparate, die heute für die verschiedensten Zwecke für kleine bis größte Leistungen Anwendung erfahren; sie dienen u. a. zur Darstellung chemisch reinen Wassers, von Gefrierwasser für Kristalleiserzeugung, von Trinkwasser, Kesselspeisewasser usw. auf Schiffen und in ortsfesten Anlagen.

In solchen Wasserdestillierapparaten benutzt man als Rohwasser: Meerwasser, Flußwasser, Brunnenwasser usw. mit mehr oder weniger hohem Gehalt an Salzen des Erdreiches, deren Ausscheidung aus dem Destillat beim Verdampfprozeß angestrebt wird. Diese Salze sind auf dem Wege der chemischen Analyse größtenteils bereits in äußerst geringen Mengen im Wasser nachweisbar, so daß die Wirkung der Wasserdestillierapparate infolgedessen einer genauen Nachprüfung unterzogen werden kann; sie eignen sich also vorzugsweise zur Untersuchung des Wirkungsgrades von Abscheidevorrichtungen, weshalb wir sie auch für unsere Untersuchung heranziehen.

Zunächst wirft sich auch hier die Frage auf, welche Anforderungen man an die Wirkung solcher Wasserdestillierapparate zu stellen berechtigt ist. Die Literatur gibt auch hierüber u. W. keine genügende Auskunft. Den einzigen Anhalt bietet vielleicht das Deutsche Arzneibuch, nach dessen Bedingungen destilliertes Wasser nicht mehr als 1 mg festen Rückstand in 100 ccm enthalten darf. Für Seewasserdestillierapparate, wie sie von der Kriegs- und auch Handelsmarine angewandt werden (vgl. Golz, „Die Destillation des Meerwassers zur Gewinnung von Trink- und Gebrauchswasser" in Chem. Apparatur 2, 5ff. [1915], und Ferd. Fischer, „Das Wasser", Leipzig 1914, Otto Spamer, ferner Hugo Schröder, „Über Aufbereitung des Speisewassers in Dampfanlagen", Zeitschrift für Dampfkessel- und Maschinenbetrieb 38, 209 [1915] und 40, 26ff. [1917]) wird nach unseren Informationen ein Gehalt von 2 mg Chlor in 100 ccm destilliertem Wasser als zulässig betrachtet, um das Destillat als „technisch chlorfrei" bezeichnen zu können. Auf Natriumchlorid, den hauptsächlichsten Bestandteil des Meerwassers, bezogen, ergäbe das einen Rückstand von 3,296 mg in 100 ccm Wasser, denn:

$$Cl \quad NaCl$$
$$35,5 : 58,5 = 2 : x, \text{ also } x = 3,296,$$

demnach 32,96 mg in 1 l Destillat, entgegen 10 mg nach dem Deutschen Arzneibuch. Diese immerhin ziemlich voneinander abweichenden Angaben sind für unsere Zwecke nicht ohne weiteres miteinander in Einklang zu bringen, so daß wir noch weitere Grundlagen für unsere Beurteilung zu gewinnen trachten müssen, die uns einen Maßstab für die an die Wirkung von Wasserdestillieranlagen zu stellenden Anforderungen an Hand geben.

Zu diesem Zweck wurde ein Rohwasser folgender Zusammensetzung:

> Äußere Beschaffenheit: schwach trübe, schwach gelblich, geringer Bodensatz;
>
> Reaktion (nach dem Kochen): alkalisch.

In 1 l wurden gefunden:

Abdampfrückstand bei 110° C	140 mg
Glührückstand (anorganische Stoffe)	100 ,,
Glühverlust (organische Stoffe)	40 ,,
Salpetersäure (N_2O_5)	0 ,,
Salpetrige Säure (N_2O_3)	0 ,,
Eisenoxyd und Tonerde (Fe_2O_3, Al_2O_3)	16,4 ,,
Kalk (CaO)	24,8 ,,
Magnesia (MgO)	8,3 ,,
Schwefelsäure (SO_3)	26,0 ,,
Chlor (Cl)	8,3 ,,
Freie Säure, berechnet auf Schwefelsäure (H_2SO_4)	0 ,,
Gesamthärte in deutschen Graden $0,1 \cdot (24,8 + 1,4 \cdot 8,3) =$	3,64° [25])
Bleibende Härte in deutschen Graden	1,82°
Temporäre Härte (Karbonathärte) in deutschen Graden	1,82°
Freie Kohlensäure (CO_2)	13,2 mg

(Rohwasser zum Versuch I)

unter 0,5 at Überdruck in einem einstufigen schmiedeeisernen Wasserdestillierapparat (ähnlich Abb. 21) ohne be-

---

[25]) Allgemein ist die Härte H eines Wassers in deutschen Graden, wenn x die in 1 kg desselben enthaltene Menge CaO in Milligramm und y diejenige von Magnesiumoxyd in Milligramm bezeichnet:

$$H = 0,1\,(x + 1,4\,y) \quad \text{oder} \quad = 0,1\left(x + \frac{y}{0,721}\right),$$

weil der Quotient der Mol.-Gew. des CaO und des MgO $\frac{56}{40,4} = 1,4$ bzw. $\frac{40,4}{56} = 0,721$ beträgt. (Vgl. Hugo Schröder: „Über Aufbereitung des Speisewassers in Dampfanlagen" in Zeitschr. f. Dampfkessel- u. Maschinenbetrieb **38**, 210 [1915].)

sondere Abscheideeinrichtung verdampft, und zwar bei einer Verdampfleistung von 1600 kg/st. Das in mehrstündiger Versuchsdauer gewonnene Destillat besaß folgende Eigenschaften:

Äußere Beschaffenheit: klar, farblos, ohne Bodensatz.

Reaktion (nach dem Kochen): sehr schwach alkalisch.

In 1 l wurden gefunden:

Abdampfrückstand bei 110° C	85	mg
Glührückstand (anorganische Stoffe)	42	,,
Glühverlust (organische Stoffe)	43	,,
Oxydierbarkeit (Permanganatverbrauch)	44,5	,,
Salpetersäure (N_2O_5)	0	,,
Salpetrige Säure (N_2O_3)	0	,,
Eisenoxyd und Tonerde (Fe_2O_3, Al_2O_3)	3,6	,,
Kalk (CaO)	6,4	,,
Magnesia (MgO)	5,4	,,
Schwefelsäure (SO_3)	12,3	,,
Chlor (Cl)	3,5	,,
Freie Säure, berechnet auf Schwefelsäure (H_2SO_4)	0	,,
Freie Kohlensäure (CO_2)	1,8	,,
Gesamthärte in deutschen Graden $0,1 (6,4 + 1,4 \cdot 5,4) =$	1,40°	
Bleibende Härte in deutschen Graden	0,86°	
Temporäre Härte (Karbonathärte) in deutschen Graden	0,54°	

(Destillat aus Versuch I)

Im Vergleich zur qualitativen Beschaffenheit des Rohwassers ist also im Destillat der feste Rückstand nur von 140 mg auf 85 mg im Liter zurückgegangen, der Glührückstand (anorganische Stoffe) indessen von 100 auf 42 mg, während der Gehalt an organischen Stoffen (43 mg/l) im Destillat höher ist als im Rohwasser (40 mg/l). Der Gehalt an Eisenoxyd und Tonerde ist von 16,4 auf 3,6 mg zurückgegangen, derjenige des Kalziumoxyds von 24,8 auf 6,4 mg, derjenige des Magnesiumoxyds von 8,3 auf 5,4, gebundene Schwefelsäure (Sulfate) von 26 mg auf 12,3 mg, gebundenes Chlor (Chloride) von 8,3 auf 3,5. Daraus Abfall der Gesamthärte in deutschen Graden von 3,64 auf 1,4°, der bleibenden Härte von 1,82° auf 0,86° bzw. der temporären Härte von 1,82° auf 0,54°. Die absorbierten Gase gingen dagegen recht bemerkenswert zurück, und zwar der Kohlensäuregehalt von 13,2 auf 1,8 mg/l, bei der Kondensation des Destillatdampfes werden somit die Gase vom Destillat nur in beschränktem Umfange wiederaufgenommen, sie verlassen die Apparatur gasförmig.

Im übrigen ist die Wirkungsweise dieses Destillierverdampfers, wie auch mit Rücksicht auf das Fehlen eines Abscheiders nicht anders zu erwarten war, nur als eine unzulängliche, wenig befriedigende zu bezeichnen, und man wird ein den Vorschriften des Deutschen Arzneibuches genügendes destilliertes Wasser voraussichtlich erst nach mehrfach wiederholter Destillation gewinnen können. Besonders überrascht der hohe Gehalt des Destillates an organischer Substanz, der sogar von 40 mg/l im Rohwasser auf 43 mg/l im Destillat angestiegen ist. Die organischen Stoffe werden sich somit vermutlich in Form von koagulierenden Schaumteilen an der Oberfläche des verdampfenden Wassers angesammelt haben und sind vom aufsteigenden Dampfstrom, der keinem Schaumabscheider zugeführt wurde, mitgerissen worden, soweit ihre Verdampfbarkeit außer Frage steht. Weil aber die organischen Stoffe im Abdampfrückstand gefunden wurden, so kann von einer Destillation derselben nicht wohl die Rede sein. Daß aber andererseits nicht nur ein in der Hauptsache unter Anwesenheit fester Stoffe gebildeter Schaum vorliegt, sondern tatsächlich ein sehr nasser Destillatdampf entwickelt wurde, erhellt aus einem kritischen Vergleich des Gehaltes beider Wasserproben an Chloriden.

Ausgehend von der Erkenntnis, daß die Chloride von Kalzium, Natrium, Magnesium usw. durchweg im Wasser leichtlöslich sind, mit ihm also eine homogene Lösung bilden, so kann der Chlorgehalt des Destillates nur durch das Überreißen entsprechender Rohwassermengen verursacht worden sein. Die Menge des übergerissenen Rohwassers bzw. die Feuchtigkeit des Destillatdampfes läßt sich unter Zugrundelegung vorstehender Betrachtung berechnen. Enthält das Rohwasser 8,3 mg Chlor im Liter, und finden sich im Destillat noch 3,5 mg/l, dann muß der Destillatdampf eine Feuchtigkeit gehabt haben von ungefähr:

$$\frac{3,5 \cdot 100}{8,3} = 42,2 \ \% \ .$$

Löslich ist ferner noch das Magnesiumsulfat, während Kalziumkarbonat und Kalziumsulfat sowie Magnesiumkarbonat praktisch unlöslich sind bzw. sich dem Wasser nur in

äußerst geringen Mengen in gelöster Form mitteilen. Diese Stoffe
müssen folglich mehr oder weniger in Form eines im mitgerissenen Rohwasser enthaltenen Schlammes übergegangen sein, so
daß man aus deren Vorhandensein im Destillat keinen Schluß
auf die Feuchtigkeit des Dampfes oder auf den Verlauf des
Destillationsprozesses ziehen kann. Auch der Gehalt an Eisenoxyd läßt keinen Schluß in dieser Richtung zu, weil der
Versuch an einem eisernen Apparat vorgenommen wurde,
der seine Einwirkung auf die Beschaffenheit des Destillat-
wassers geltend gemacht haben kann.

Nach Erhalt dieses wenig befriedigenden Ergebnisses
unternahm Verfasser eine Reihe von Versuchen an Mehr-
körper-Druck-Verbund-Wasserdestillierapparaten, die mit Abscheideeinrichtungen ausgestattet waren. Zu diesen Versuchen nicht unter Vakuum, sondern unter Überdruck arbeitende Destillierverdampfer zu benutzen, erschien uns deshalb wichtig, weil einerseits diese Art von Wasserdestillierapparaten u. W. die weiteste Verbreitung gefunden hat,
anderseits aber gegenüber den unter Vakuum arbeitenden
auf Grund der Versuche mit Wasserabscheidern schlechtere
Ergebnisse erwarten ließ, da mit zunehmendem Dampfdruck
auch die von den Wasserabscheidern durchgelassene Dampffeuchtigkeit ansteigt, das Destillat somit unreiner wird, während es bei unterhalb der atmosphärischen gelegenen Spannungen aus praktisch vollständig trockenem Dampf bestehen
kann (vgl. Diagramm Abb. 75). Die Benutzung von unter
Überdruck arbeitenden Apparaten erschien auch vorteilhaft,
nachdem wir im Abschnitt VI bereits über einen Versuch
an einem Vakuumverdampfer berichteten.

Im Rahmen unserer Betrachtung lagen seither die Stoß-
kraft- und Schleuderkraftabscheider, deshalb wurden für
diese Versuche die sogenannten Schwerkraftabscheider gewählt, eine Bauart, die dem Dampf zeitweise einen horizontalen Weg gibt, auf dem die mitgerissenen Flüssigkeitsanteile
sich infolge der Schwerkraft aus dem Dampfstrom ausscheiden sollen und, getrennt vom Dampf, wieder in den Flüssigkeitsraum zurückgelangen.

Der Anwendung dieses Konstruktionsprinzips redet bereits Abraham[5]) in seinem schon erwähnten Buche: „Die
Dampfwirtschaft in der Zuckerfabrik", 2. Aufl. 1912, das Wort,
indem er schreibt: „Bei allen stehenden Verdampfern wird sehr
leicht Saft mitgerissen. Je leistungsfähiger der Körper, desto
öfter kommt das vor. Ist auch bei regelmäßigem Betrieb kein

Zucker im Brüdenwasser vorhanden[?!], so genügt oft der geringste Eingriff, welcher eine plötzliche Verminderung des Dampfdrucks nach sich zieht, um Saft überzureißen. Man hat unzählige Vorrichtungen ersonnen, um dies zu verhindern; aber man ist über das Wesen der Erscheinung kaum klar geworden. Und doch liegt die Sache ungewöhnlich einfach."

„Beim Sieden wird der Saft zerstäubt und nach allen Richtungen im Dampfraum herumgeschleudert. Die größeren Tröpfchen fallen alsbald wieder nach unten; aber je feiner sie sind, desto höher werden sie vom aufsteigenden Dampfstrom fortgetragen und — bei Überschreiten einer gewissen Stromstärke — mitgerissen. Wird in einem senkrechten Dampfstrom Flüssigkeit zerstäubt, so scheidet sie der Strom in drei Teile. Die gröberen Teilchen sinken gegen den Strom zu Boden, die feineren werden beliebig hoch fortgetragen, und ein Mittelteil hält dem Strom gerade das Gleichgewicht: sie schweben in demselben, ohne zu steigen oder zu fallen. Jeder Stromstärke entspricht eine andere Verteilung: je stärker der Strom, desto gröbere Teilchen werden mitgerissen, desto größere Kügelchen halten sich freischwebend und desto weniger fällt zu Boden. Um diese Erscheinung zu erklären, bedarf es durchaus nicht der so beliebten Nebelbläschenlehre. Selbstverständlich spielen hier Saftbläschen gar keine Rolle; die allerfeinsten Saftkügelchen tun es auch. Mit der Zeit ballen sich die kleinen Teilchen, begünstigt durch die unausbleiblichen Wirbel im Dampfstrom, zu größeren Tröpfchen zusammen, welche dann ihren Weg gegen den Strom nehmen; meist aber genügt die vorhandene Zeit nicht, und selbst bei 3 m hohem Steigraum über dem Saftspiegel können immer noch hohe Verluste eintreten."

„Ganz anders sind die Verhältnisse beim wagerechten Dampfstrom. Hier fallen sämtliche mitgerissene Tröpfchen ebenso schnell zu Boden wie in ruhendem Dampfraum, nur mit dem Unterschied, daß sie in ihrem Fall etwas in der Stromrichtung abgelenkt werden, die größeren Tröpfchen weniger, die kleineren mehr. Die Zeit, in der sich ein wagerechter Dampfstrom von 1 m Höhe von allem Flüssigkeitsstaub säubert, gleicht der Zeit, welche die kleinsten Staubpartikelchen brauchen, um 1 m tief zu fallen. [Das trifft aber, wie wir im III. Abschnitt S. 122 Abs. 3 gesehen haben, nur zu, wenn der vom Dampfstrom auf den Tropfen ausgeübte Druck gleich dem Gewicht des Tropfens ist; er fällt dann unter 45° zu Boden. Ist der horizontale Druck größer, dann nähert sich der Weg des Tropfens mehr der Horizontalen, im anderen Falle mehr der Vertikalen! Verf.] Denkt man sich diesen Raum der Höhe nach durch Blechplatten in 10 Stufen zu je 100 mm Höhe geteilt, so ist die Zeit, welche nötig ist, um allen Partikelchen Gelegenheit zu geben, zu Boden zu fallen, also auf die Bleche zu fallen, 10 mal kürzer. Verringert man die Fallhöhe 100 fach, durch Einschalten von Blechen in 1 cm Entfernung voneinander, so verkürzt sich die Zeitdauer 100 fach usw. Bei 1 mm Fallhöhe könnte die Zeit 1000 mal kürzer sein. Das einfachste und sicherste Mittel, aus Dampf allen Saftstaub abzuscheiden, besteht darin, daß man den Strom eine Zeitlang wagerecht führt und nötigenfalls durch wagerechte Bleche der Höhe nach in eine Anzahl Fallstufen teilt; je mehr desto besser. Sorgt man dafür, daß am Ende dieser Bleche (durch Umbiegen des Randes gegen die Stromrichtung) der Niederschlag nicht wieder vom Dampfstrom fortgerissen wird, sorgt man ferner durch eine geringe Neigung quer zum Strom, daß der niedergeschlagene Saft einen stetigen Abfluß nach der Seite hat, so hat man den denkbar besten Saftfänger. Sämtliche auf der Wirkung von Sieben und Prallblechen beruhenden Abscheider sind in der Wirkung nicht so sicher; sie bedingen auch einen größeren Druckverlust. Dasselbe dürfte auch für jegliche auf Ausschleudern der Safttröpfchen beruhenden Fänger gelten.“ [? !]

„Je größer der Flüssigkeitsspiegel des Verdampfers, je kürzer die Heizrohre, je weniger also auf 1 qm Spiegelfläche verdampft wird, desto langsamer der aufsteigende Dampfstrom und desto geringer ist die Gefahr des Mitreißens. Liegende Verdampfer reißen weniger mit als stehende, und von letzteren leiden die leistungsfähigsten gerade am meisten. Bei regelmäßigem Betriebe kommt selten etwas vor, aber plötzlich ist der Verlust da. Geht man der Ursache nach, so findet man bei wiederholtem Untersuchen des Wassers aus den Heizkammern und vom Kondensator meist keine Spur, bis bei der nächsten Gelegenheit wieder ein Schub Zucker ins Wasser gelangt. Das kommt immer bei plötzlich vergrößerter Brüdenentnahme vor. Durch den plötzlichen, wenn auch nicht großen, Abfall der Spannung ergibt sich für einen Augenblick eine um das Mehrfache gesteigerte Verdampfung, und der um ebensoviel schneller vom Saftspiegel aufsteigende Dampfstrom reißt alles über. Wenn man zu so kritischen Zeitpunkten durch das Schauglas in den Dampfraum blickt, so bemerkt man vorübergehend einen Nebelschleier. Man kann dann sicher sein, daß Saft mitgerissen war. Dagegen hilft kein noch so hoher Dampfraum, auch keine Sieb- und Prallbleche; aber es nützt ein jeder Saftfänger, der durch genügende Stromablenkung die feinen Tröpfchen ausschleudert, vor allem aber nützt jede wagerechte Führung des Brüdens. Wenn man am Ende eines wagerechten Brüdenrohres irgendeinen Flüssigkeitsfänger anbringt, der an und für sich gar nichts wert ist, so wird hier aller Saft sicher abgefangen, nicht weil der Fänger etwas geholfen hätte, sondern weil der Saft bereits im wagerechten Rohr zu Boden gefallen war."

„Man mache daher den Dampfraum so klein wie möglich, nicht viel größer, als es aus Rücksicht auf etwaiges Schäumen geboten ist. Man sorge aber dafür, daß der Brüden Gelegenheit hat, in dünner Schicht eine Strecke wagerecht zu strömen. Je dünner die Schicht, desto kürzer die erforderliche Strecke. In 1 cbm Raum kann man bei vernünftiger Ausführung jede beliebige Brüdenmenge saftfrei machen. Ob dies unmittelbar über dem Steigraum geschieht oder in besonderem Gehäuse, ist gleichgültig. Am einfachsten wäre jedenfalls der Einbau der Fänger im Dampfraum eines jeden Körpers. Der beste Fänger ist sonst der, welcher sein Ziel bei geringstem Druckverlust erreicht."

Wie wir gesehen haben und noch sehen werden, liegt die Sache nun allerdings so einfach nicht, besonders dann nicht, wenn es nicht nur gilt, flüssig-tropfenförmige Bestandteile aus dem Dampf abzuscheiden, sondern auch zusammenhängende Schaummassen. Diese lagern sich wohl ebenfalls beim horizontalen Wege auf den Blechen ab, aber sie werden nicht zerstört und deshalb am Ende des Weges auch wieder aus dem Abscheider mehr oder weniger entführt. Gerade bei Wasserdestillierapparaten, in denen Rohwasser verschiedenster Zusammensetzung zur Anwendung gelangt, muß man mit solcher Schaumbildung rechnen. Ein zeitweiliges Überreißen von Schaum kann aber, z. B. bei Seewasser-Destillierapparaten, das ganze schon erzeugte Destillatquantum unbrauchbar machen, wenn dadurch der Salzgehalt über das zulässige Maß ansteigt; ein Mitreißen von Schaum bzw. ein sogenanntes Überkochen muß deshalb durchaus vermieden werden.

Über Schaumbildung bei Verdampfung von Wasser liegen uns aus der Betriebspraxis mit Dampfkesseln mancherlei

Erfahrungen vor[26]). Das Mitreißen oder Spucken der Dampfkessel verursacht allgemein ein zu hoher Salzgehalt des Kesselwassers, dessen obere Begrenzung aus diesem Grunde bedingt ist. Es ist deshalb in jedem Falle unerläßlich, die Zusammensetzung eines Rohwassers, dessen Destillation man beabsichtigt, analytisch zu bestimmen, um danach in bezug auf Schaumbildung und Konzentration der gelösten Stoffe den zulässigen Grad seiner Eindampfung bzw. die abzuführrende Laugen- oder Schlammwassermenge zu bestimmen, von deren richtiger Bemessung der Erfolg mehr oder weniger abhängt. Die für einen Destillationsprozeß benötigte Menge Rohwasser setzt sich somit zusammen aus:.Menge des zu erzeugenden Destillates + Menge des abzuleitenden Laugenwassers. Die Summe beider Faktoren ergibt die Menge des dem Destillierverdampfer zuzuführenden Speisewassers, die den Berechnungen zugrunde zu legen ist.

Obwohl wahrscheinlich alle Salze das Spucken oder Wassermitreißen der Dampfkessel mehr oder weniger begünstigen, so lehrt doch die Erfahrung, daß in erster Linie die alkalischen Salze Na_2CO_3 und Ca_2CO_3 sowie insbesondere die Humate dies veranlassen. Bei stark beanspruchten Kesseln soll die Gesamtalkalität des Wassers durch den Eindampfprozeß nicht über etwa 2000 mg/l gesteigert werden; bei gering beanspruchten erscheinen 3000—5000, ja 10 000 mg/l als zulässig. Bei dampfbeheizten Wasserdestillierapparaten liegen die Verhältnisse nun durchweg weit ungünstiger infolge der viel beschränkteren Abmessungen ihrer Wasser- und Brüdenräume und der gewöhnlich beträchtlichen Leistungsfähigkeit der Heizfläche. Unter Berücksichtigung dieser Umstände wird man die Anreicherung der alkalischen Salze in Wasserdestillierapparaten vorteilhaft nicht über 1000 mg/l steigern, gewöhnlich aber noch weit unter diesem Wert bleiben, besonders beim Vorwiegen der Karbonate von Kalzium und Natrium, bei deren Anwesenheit auch sonst noch vorhandene Neutralsalze sehr zu schaumbildendem Verhalten neigen. Bei entsprechend niedrig gehaltenem Gehalt an genannten Karbonaten kann dann der Verdampfrückstand auf 20 000 bis 30 000 mg/l und höher ohne Gefahr gesteigert werden. So geht man beispielsweise in Meerwasser-Destillierapparaten auf einen Gehalt an Natriumchlorid von 10—12%, entsprechend etwa

<hr>

[26]) K a m m e r e r in Zeitschrift für Dampfkessel- und Maschinenbetrieb **38**, 225 usf. (1915), referiert in „Wasser und Abwasser“ **10**, 222 usf. (1916).

100 000—120 000 mg/l Kochsalzgehalt, nimmt aber dann zur Vermeidung des Überschäumens die Destillation gewöhnlich unter einem Überdruck von etwa 2 at vor.

Angenommen, es seien aus einem Meerwasser mit einem Kochsalzgehalt von 3,5% (auf Lösung bezogen) 1000 kg Destillatwasser zu erzeugen. Wie groß ist dann die Menge des zu verwendenden Meerwassers, wenn dessen Salzgehalt durch den Destillationsprozeß auf 10% gesteigert werden darf? Zur Berechnung benutzen wir die Formel (33) aus Chem. Apparatur 1, 212 (1914) aus: Hugo Schröder, „Die Aräometrie als Hilfswissenschaft beim Bau und Betrieb chemischer Apparate", welche lautet:

$$U = \frac{W}{1 - \dfrac{x}{y}},$$

worin bedeutet:

$U =$ Menge des Meerwassers niederer Konzentration in Kilogramm

$W =$ Menge des abzudestillierenden Wassers in Kilogramm

$x =$ Anfangskonzentration des Meerwassers (3,5% Salzgehalt)

$y =$ Endkonzentration des Meerwassers (10% Salzgehalt)

also:

$$U = \frac{1000}{1 - \dfrac{3,5}{10}} = 1538,46 \text{ kg}$$

Menge des dem Destillierapparat zuzuführenden Speisewassers $= 1538,46$ kg, daraus zu erzeugende bzw. abzudampfende Destillatmenge $= 1000$ kg, Menge der aus dem Destillierapparat abzuleitenden Salzlauge $538,46$ kg. Der Salzgehalt der Lauge bleibt also beträchtlich unterhalb der Sättigungsgrenze des Wassers, so daß die Bildung von Bodenkörpern nur geringen Umfang annehmen kann; diese werden aber, soweit sie nicht einen festen Niederschlag auf der Heizfläche oder auf anderen Innenteilen des Destillierapparates bilden, mit der Lauge abgeleitet. Vorteilhaft bleibt es stets, die Konzentration des Rohwassers niedrig zu halten, um andererseits auch die auf die Bauteile der Destillierapparate ausgeübte aggressive Wirkung der im Rohwasser gelösten Salze nach Möglichkeit einzuschränken. Diese Angriffslust des Rohwassers tritt vorzugsweise bei der Anwesenheit von Chloriden und Nitraten in Erscheinung und führt sehr oft zu

8*

vorzeitiger Zerstörung der Heizflächen, besonders wenn diese
aus Schmiedeeisen bestehen; Kupfer besitzt in dieser Beziehung eine größere Widerstandsfähigkeit.

Nach diesen allgemeinen Betrachtungen gehen wir zu
unseren Versuchen über. Den vom Verfasser vorgenommenen
Untersuchungen diente eine Dreistufen-Druck-Wasserdestil-
lieranlage, deren drei Destillierverdampfer die Abb. 79 veranschaulicht. Im Oberteil jedes Verdampfers befindet sich das
als Schwerkraftabscheider ausgebildete Dampfentnahmerohr
a, das auf seiner nach oben gerichteten Hälfte eine Lochung
besitzt, durch die der erzeugte nasse Dampf eintritt. Derselbe beschreibt dann durch dieses Rohr einen horizontalen
Weg und strömt bei b aus, das durch die Schwerkraft ausgeschiedene Wasser fließt durch den Wasserverschluß c ab.
Die drei Destillierverdampfer arbeiten in Verbundwirkung, und
der erste derselben wird von einem Dampfkessel durch Sattdampf von 10 at Überdruck beheizt. Das Kondenswasser
des Heizdampfes bzw. Kesseldampfes geht, mit dem Destillatdampf des ersten Verdampfers vermischt, durch die Heizschlangen des zweiten Verdampfers. Das Kondensat dieser
Heizschlange wird, vereinigt mit dem Destillatdampf des
zweiten Verdampfers, den Heizschlangen des dritten Verdampfers zugeführt. Destillatdampf dieses Verdampfers
und das Kondensat seines Heizkörpers strömen, vereinigt,
einem Oberflächenkondensator zu, der das sich hier sammelnde
gesamte Destillat in einen darüberstehenden Sammelbehälter
drückt. Aus dem Kondensator wird ein Teil des auf etwa
90° C (18,5° C Anfangstemperatur) vorgewärmten Kühl-Roh-
wassers von einer Transmissions-Plungerpumpe abgepumpt
und als Rohspeisewasser durch zwei Vorwärmer, die der
Destillatdampf aus Verdampfer I bzw. Verdampfer II beheizt, und die auf den Verdampfern angeordnet sind, in den
ersten Verdampfer, auf nahezu Siedetemperatur vorgewärmt,
gedrückt. Die Menge dieses Rohwassers wurde so bemessen,
daß der zweite Verdampfer aus dem ersten, der dritte aus
dem zweiten gespeist und aus dem dritten Verdampfer noch
ein Teil des Rohwassers zur Vermeidung übermäßiger Anreicherung von Salzen desselben ununterbrochen abgeführt
werden konnte. Das überschüssige erwärmte Rohwasser aus
dem Oberflächenkondensator diente als Speisewasser für den
Dampfkessel, das durch Duplex-Dampfpumpe gefördert wird.
In der Dampfleitung zwischen Dampfkessel und Destillier-
anlage befindet sich ein Wasserabscheider ähnlich Abb. 58,

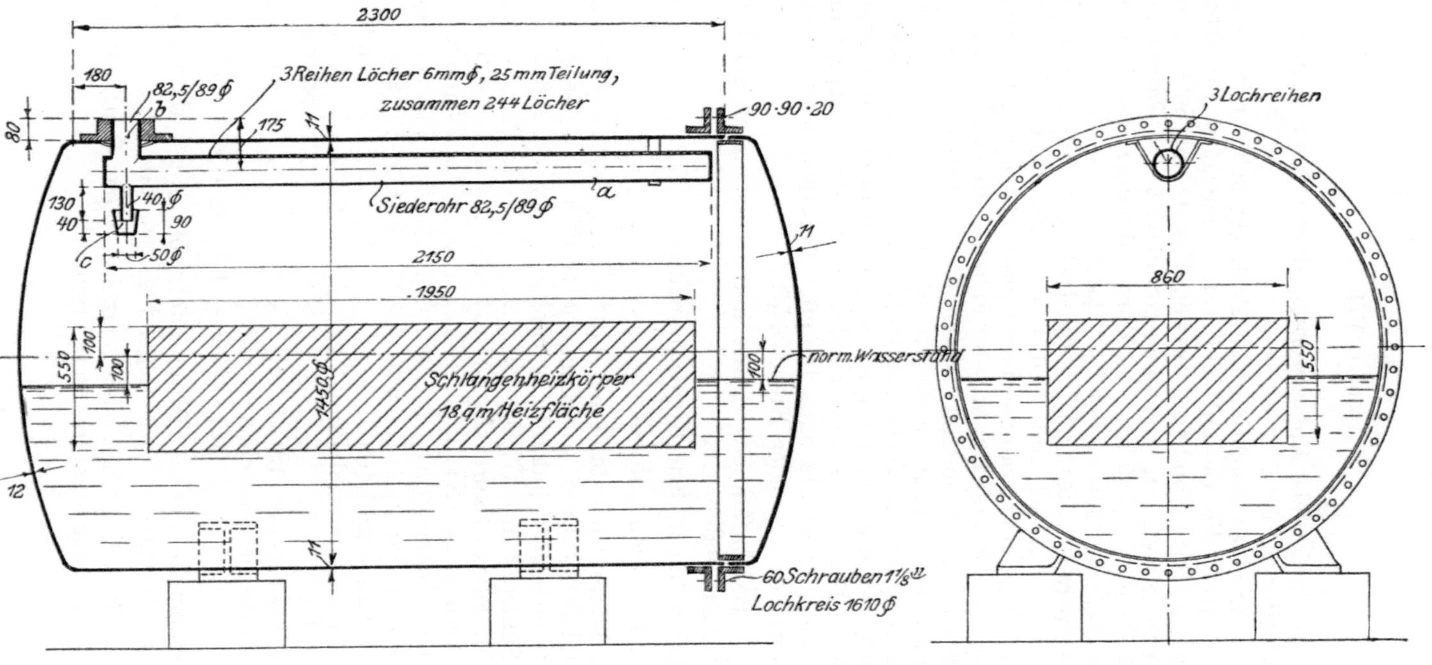

Abb. 79. Liegender Destillierverdampfer mit Abscheider aus gelochtem Rohr.

dessen kontinuierliche Entwässerung durch einen Kondenswasserableiter erfolgt.

Während eines zehnstündigen Probeversuches mit dieser Anlage betrug die Gesamtmenge des erzeugten Destillats (also einschließlich Kondensat aus dem Heizdampf) 3600 kg/st, und darin waren an Heizdampfkondensat (= Dampfverbrauch) enthalten 990 kg, was durch Wägung des Kesselspeisewassers und Messen der Destillatmenge ermittelt wurde. Die Temperatur des im Sammelbehälter aufgefangenen Destillats stellte sich auf 77,6° C ein. Die Heizflächen der Destillierverdampfer waren so bemessen, daß bei der genannten Leistung die Dampfspannung im ersten Verdampfer 3,6 at, im zweiten 1,76 at und im dritten 0,55 at betrug. Die abgeführte Laugenmenge wurde mit etwa 25% der durch die drei Destillierverdampfer erzeugten Reinwassermenge, also auf rund 20% der in die Verdampfer gespeisten Rohwassermenge, bemessen. Das Rohwasser wurde somit auf $^1/_5$ seines ursprünglichen Gewichts eingedampft. Verarbeitet wurde ein Flußrohwasser folgender Eigenschaft:

Äußere Beschaffenheit: Schwach trübe, schwach gelblich, geringer Bodensatz;

Reaktion (nach dem Kochen): neutral

In 1 l wurden gefunden:

Abdampfrückstand bei 110°	5427	mg
Glührückstand (anorganische Stoffe)	4414	,,
Glühverlust (organische Stoffe)	1013	,,
Salpetersäure (N_2O_5)	0	,,
Salpetrige Säure (N_2O_3)	0	,,
Ammoniak (NH_3)	Spuren	
Kieselsäure (SiO_2)	243	mg
Eisenoxyd und Tonerde (Fe_2O_3, Al_2O_3)	200	,,
Kalziumoxyd (CaO)	73,8	,,
Magnesiumoxyd (MgO)	42,4	,,
Chlor (Cl)	2583,8	,,
Schwefelsäure (SO_3)	407	,,
Härte in deutschen Graden,		
$0,1 \cdot (73,8 + 1,4 \cdot 42,4) =$	13,3°	

(Die gesamte Tabelle steht unter der seitlichen Beschriftung: Rohwasser zum Versuch II)

Die Untersuchung einer Durchschnittsprobe des daraus gewonnenen Destillats ergab folgendes Resultat:

Äußere Beschaffenheit: klar, farblos, ohne Bodensatz; Reaktion (nach dem Kochen): neutral

In 1 l wurden gefunden:

<table>
<tr><td rowspan="14">Destillat aus Versuch II</td><td>Abdampfrückstand . . . .</td><td>50,2 mg</td></tr>
<tr><td>Glührückstand (anorganische Stoffe) . . .</td><td>25,4 „</td></tr>
<tr><td>Glühverlust (organische Stoffe) . . . . . .</td><td>24,8 „</td></tr>
<tr><td>Salpetersäure (N_2O_5) . . . .</td><td>0 „</td></tr>
<tr><td>Salpetrige Säure (N_2O_3) . . . .</td><td>0 „</td></tr>
<tr><td>Ammoniak (NH_3) . . . .</td><td>Spuren</td></tr>
<tr><td>Kieselsäure (SiO_2) . . . .</td><td>2,2 mg</td></tr>
<tr><td>Eisenoxyd und Tonerde (Fe_2O_3, Al_2O_3) . .</td><td>3,2 „</td></tr>
<tr><td>Kalziumoxyd (CaO) . . . .</td><td>2,6 „</td></tr>
<tr><td>Magnesiumoxyd (MgO) . . . .</td><td>1,8 „</td></tr>
<tr><td>Chlor (Cl) . . . .</td><td>14,8 „</td></tr>
<tr><td>Schwefelsäure (SO_3) . . . .</td><td>Spuren</td></tr>
<tr><td>Härte in deutschen Graden</td><td></td></tr>
<tr><td>$0,1 \cdot (2,6 + 1,4 \cdot 1,8) =$</td><td>0,5°</td></tr>
</table>

Eine Durchschnittsprobe der abgezogenen Lauge (Schlammwässer) hatte folgende Eigenschaften:

Äußere Beschaffenheit: gelblich, trübe, beträchtlicher Bodensatz;

Reaktion (nach dem Kochen): neutral.

In 1 l wurden gefunden:

<table>
<tr><td rowspan="14">Lauge aus Versuch II</td><td>Abdampfrückstand . . . .</td><td>22 514 mg</td></tr>
<tr><td>Glührückstand (anorganische Stoffe) . .</td><td>17 374 „</td></tr>
<tr><td>Glühverlust (organische Stoffe) . . . .</td><td>5 140 „</td></tr>
<tr><td>Salpetersäure (N_2O_5) . . . .</td><td>0</td></tr>
<tr><td>Salpetrige Säure (N_2O_3) . . . .</td><td>0</td></tr>
<tr><td>Ammoniak (NH_3) . . . .</td><td>Spuren</td></tr>
<tr><td>Kieselsäure (SiO_2) . . . .</td><td>484,8 mg</td></tr>
<tr><td>Eisenoxyd und Tonerde (Fe_2O_3, Al_2O_3) .</td><td>947,2 „</td></tr>
<tr><td>Kalziumoxyd (CaO) . . . .</td><td>318,0 „</td></tr>
<tr><td>Magnesiumoxyd (MgO) . . . .</td><td>519,6 „</td></tr>
<tr><td>Chlor (Cl) . . . .</td><td>10 088,9 „</td></tr>
<tr><td>Schwefelsäure (SO_3) . . . .</td><td>1 453,0 „</td></tr>
<tr><td>Härte in deutschen Graden</td><td></td></tr>
<tr><td>$0,1 \cdot (318 + 1,4 \cdot 519,6) =$</td><td>104,5°</td></tr>
</table>

Während der Dauer dieses Versuches wurde in allen drei Verdampfern eine in gewissen Zeit bsc nitten wiederkehrende starke Schaumentwicklung becbaehtet, die sich bildenden Schaummassen hatten ein schmutzig-braunes Aussehen. Leider waren die Verdampfer nicht mit einer Einrichtung zum

Abblasen des Schaumes ausgestattet, so daß die Entnahme von Proben desselben zwecks Untersuchung und Feststellung seiner Zusammensetzung nicht möglich zu machen war. Zur Zeit der Schaumentwicklung zeigte auch das Destillat schwach trübe Färbung, was auf unzureichende Wirkung der Schaumabscheider schließen ließ. Während der Periode des Schäumens wurde von der Entnahme von Destillatproben abgesehen und im übrigen eine vorsichtige Verdampfung und weitestmögliche Gleichmäßigkeit im Gange der Destillation angestrebt.

Ein kritischer Vergleich der Ergebnisse der Analysen des Rohwassers, des Destillats und der Lauge führt zu folgender Betrachtung. Im Verdampfrückstande des Rohwassers macht die Masse der organischen Substanz das $\dfrac{1013}{4414} = 0,229$ fache derjenigen der anorganischen aus; in der Lauge beträgt dieses Verhältnis $\dfrac{5140}{17374} = 0,295$, dagegen im Destillat $\dfrac{24,8}{25,4} = 0,98$. Im Vergleich zum Rohwasser ist dieses Verhältnis in der Lauge nur unwesentlich gesteigert, anders dagegen im Destillat, in dem die organischen Stoffe fast gleich der Masse der anorganischen sind. Man darf hieraus ebenfalls auf die stofflichen Sonderheiten, die schaumbildende Wirkung bzw. die Eigenschaft der organischen Stoffe, sich abzusondern, zu koagulieren, schließen. Die Mengen des Rohwassers und der Lauge verhalten sich wie 5 : 1, weil das Rohwasser auf $^1/_5$ seines Gewichtes eingedampft wurde; also sollten sich, umgekehrt, auch die Mengen der Salze wie 1 : 5 verhalten. Zutreffend ist dies für den Gehalt an Eisenoxyd und Tonerde 947,2 mg : 200 mg, für das Chlor mit 10 088,9 mg : 2583,8 mg nicht ganz; der Gehalt an Chlor ist etwas zurückgeblieben. Kennzeichnend ist der relativ hohe Gehalt an Chlor des Verdampfungsrückstandes im Destillat, welcher $\dfrac{14,8}{25,4} = 0,582$ der anorganischen Stoffe ausmacht und damit dem Verhältnis im Rohwasser und in der Lauge gleichkommt, nämlich $\dfrac{2583,8}{4414} = 0,585$ bzw. $\dfrac{10088,9}{17374} = 0,581$. Da das Chlor in Form der Chloride als leicht löslicher Körper ein vollständig homogenes Medium bzw. eine homogene Lösung gewährleistet, so erklärt sich die Verunreinigung des Destillats in der Hauptsache durch das Mitreißen von Rohwasser, also aus dem Feuchtigkeitsgrad des Destillatdampfes, bzw. der unzureichenden Wirkung der Abscheider. Der Gehalt an Kieselsäure und deren Verbindungen hat sich im Vergleich zum Rohwasser in der Lauge nur verdoppelt; sie wird sich also vermutlich an den Wandungen der Apparatteile, der Heizschlangen usw., falls unlösliche Verbindungen vorliegen, niedergeschlagen haben. Bemerkenswert ist dagegen der relativ hohe Gehalt der Lauge an Kalzium und Magnesium. Im Destillat sind diese Stoffe im Vergleich zum Gehalt an anorganischen Stoffen ähnlich wie im Rohwasser verteilt. Die Abweichung in der Zusammensetzung der Rückstände in der Lauge findet ihre Erklärung wohl dadurch, daß die Verbindungen des Kalziums und Magnesiums sich infolge Unlöslichkeit größtenteils in Schlammform im Wasser befinden (in der Lauge wurde beträchtlicher Bodensatz festgestellt) und deshalb nicht gleichmäßig in den Apparaten verteilt sind, sondern gewissen Zonen der Ruhe zustreben und so den Gehalt der Proben, die an solcher Stelle genommen wurden, zu beeinflussen vermögen.

In bezug auf den Chlorgehalt würde das Destillat den Bedingungen für Meerwasser-Destillierapparate entsprochen haben, bei weitem aber nicht den Bedingungen des Arzneibuches. Andererseits ließ der Chlorgehalt des Destillats, wie erwähnt, infolge unzureichender Wirkung des Abscheiders auf einen gewissen Feuchtigkeitskoeffizienten des Dampfes schließen, dessen Kompensation eine Steigerung der Reinheit des Destillats zur Folge haben müßte. Allerdings konnte ein Erfolg in dieser Beziehung zunächst mit Rücksicht auf die durch Untersuchung der Wasserabscheider Abb. 68 bis 72 gewonnenen Ergebnisse als offene Frage erscheinen, da die Wasserabscheider stets eine gewisse Feuchtigkeit hindurchtreten lassen, die mit wachsendem Druck ansteigt (vgl. Diagramm Abb. 75).

Unter diesen Gesichtspunkten wurden die drei Destillierverdampfer der Anlage mit Abscheidern verbesserter Bauart ausgestattet, die aus der Abb. 80 ersichtlich sind. Für die Gehäuse der Abscheider wurde ein entsprechend weiteres Rohr gewählt (150 mm l. W. anstatt 82,5 mm l. W.), das nur auf seinem hinteren Ende eine Lochung erhielt; das Rohr blieb also ein Stück vor dem Dampfausströmrohr *b* ungelocht. Hierdurch wurde bewirkt, daß der Dampf einen längeren horizontalen Weg zu beschreiben hatte, der eine bessere Trocknung des Dampfes gestattet. Dann erhielt das Rohr *a*

in ganzer Länge einen Einbau von gelochten Blechstreifen
ähnlich dem Streckmetall, was eine mehrfache Unter-
teilung des Dampfstromes und schnelle Abführung der mitgerissenen Flüssigkeit auf die Sohle des Rohres a ermög-
lichte. Das Rücklaufrohr c wurde unter den Spiegel der
Flüssigkeit geführt, womit dem Widerstand im Abscheider
besser Rechnung getragen worden war und eine sichere Rückführung der ausgeschiedenen Flüssigkeit gewährleistet erschien. Die in der Abb. 80 ersichtliche Scheidewand d dient

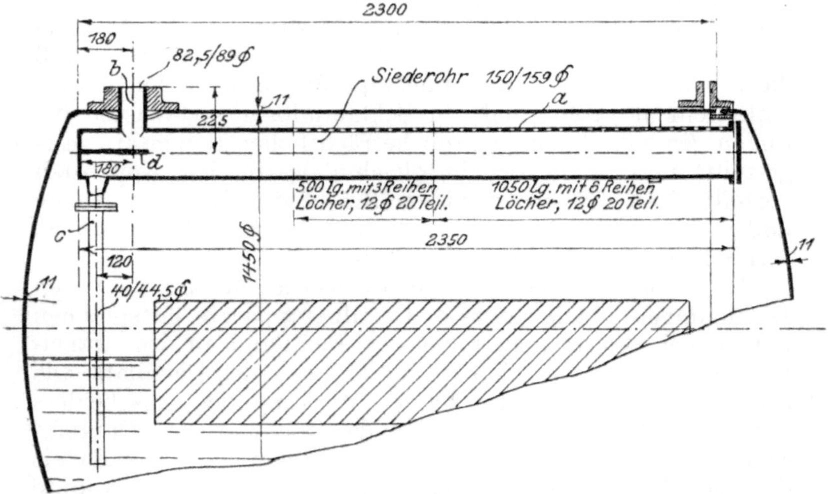

Abb. 80. Destillierverdampfer nach Abb. 79 mit durch Einlage von
Gittern aus gelochten Blechen verbessertem Abscheider.

der Aufhebung der durch den abziehenden Dampf aus b auf
c ausgeübten Saugwirkung. Die Verdampfer erhielten ferner
in der Höhe des Flüssigkeitsspiegels Abblaseeinrichtungen
zur Abführung der sich auf dem Wasserspiegel ansammeln-
den schaumbildenden Stoffe.

Nach dem dermaßen erfolgten Umbau der Verdampfer
wurden dieselben mit dem Flußrohwasser gleicher Zusammensetzung einem nochmaligen, mehrstündigen Dauerversuch
unterworfen, und zwar unter den gleichen Bedingungen, wie
beim Versuch II geschildert. Während dieses Versuches
erfolgte die Betätigung der neuangebrachten Abblase- oder
Abschäumeinrichtung in Zeitabschnitten von einer Stunde,
um die Bildung einer schäumenden Schicht auf dem Flüssig-

keitsspiegel zu vermeiden; eine Schaumbildung war nach dieser Maßnahme nicht mehr zu beobachten, selbst nicht, wenn man durch weiteres Öffnen des Heizdampfventils eine erhebliche Leistungssteigerung vornahm. Auch der durch die umgebauten Abscheider verursachte Druckabfall wurde untersucht; er war als ein kaum merklicher anzusprechen, so daß nennenswerte Arbeitsverluste nicht auftraten.

Die Untersuchung der Durchschnittsprobe des Destillats zeigte das folgende Ergebnis:

Äußere Beschaffenheit: klar, farblos, ohne Bodensatz; Reaktion (nach dem Kochen): neutral.

In 1 l wurden gefunden:

Abdampfrückstand	26,4 mg
Glührückstand (anorganische Stoffe)	8,4 ,,
Glühverlust (organische Stoffe)	18,0 ,,
Salpetersäure (N_2O_5)	0 ,,
Salpetrige Säure (N_2O_3)	0 ,,
Ammoniak (NH_3)	Spuren
Kieselsäure (SiO_2)	1,0 mg
Eisenoxyd und Tonerde (Fe_2O_3, Al_2O_3)	3,2 ,,
Kalziumoxyd (CaO)	2,0 ,,
Magnesiumoxyd (MgO)	1,0 ,,
Chlor (Cl)	Spuren
Schwefelsäure (SO_3)	Spuren
Härte in deutschen Graden	
$0,1 \cdot (2,0 + 1,4 \cdot 1,0) =$	0,3°

(Destillat aus Versuch III)

Ein oberflächlicher Vergleich des analytischen Befundes der Destillatproben des ersten und zweiten Versuches mit voraufgehendem Ergebnis (Versuch III) läßt zunächst keinen Zusammenhang oder keine Gesetzmäßigkeit der gefundenen Werte erkennen. Eine eingehendere Betrachtung oder quantitativer Vergleich der Einflüsse kann zu folgenden Schlüssen führen. Durch den Umbau der Verdampfer ist der Abdampfrückstand von 50,2 mg auf 26,4 mg/l, entsprechend fast 50 v.H., zurückgegangen, ebenso der Gehalt an Kieselsäure von 2,2 mg auf 1,0 mg/l und derjenige an Magnesiumoxyd von 1,8 mg auf 1,0 mg/l. Das Kalziumoxyd nahm jedoch nur von 2,6 mg auf 2 mg/l ab. Chlor fanden sich in der zweiten Probe 14,8 mg/l, in der dritten nur Spuren. In beiden Proben in Spuren gefunden wurde SO_3, die Sulfate sind also im Destillationsapparat so gut wie vollständig zurückgehalten worden.

Auffallend ist das Verhältnis der Masse der organischen
Stoffe in Probe II und III, diese gingen nur von 24,8 mg/l
auf 18 mg/l, also um $^1/_4$, zurück, entsprechend einem Ge-
samtrückstand von 50,2 mg bzw. 26,4 mg/l, welchem somit ein Glührückstand von 50,2 — 24,8 = 25,4 mg bzw.
26,4 — 18,0 = 8,4 mg/l gegenübersteht. Die anorganischen
Stoffe haben sich in Probe III gegenüber Destillatprobe II
demnach um reichlich $^2/_3$ vermindert, und es betrug das Ver-
hältnis: $\dfrac{\text{organische Stoffe}}{\text{anorganische Stoffe}}$ in Probe II, wie berechnet,
$\dfrac{24,8}{25,4} = 0{,}98$, im zweiten Falle dagegen: $\dfrac{18}{8,4} = 2{,}143$. Die
organischen Stoffe sind somit beträchtlich schwerer zurück-
zuhalten als die anorganischen. Da SO_3 durchweg in Spuren
gefunden wurde, so müssen Kalzium und Magnesium hauptsächlich als kohlensaure Verbindungen, als Karbonate, vorhanden gewesen sein; diese sind aber in Wasser praktisch unlöslich, wie die Kieselsäure und deren Verbindungen. Die im
Rohwasser enthaltene SO_3 dürfte als Magnesiumsulfat vorherr-
schend gewesen sein, welches löslich ist. Denn Kalziumsulfat
ist unlöslich, und nur unlösliche Verbindungen waren in der
Destillatprobe III in nennenswerten Mengen nachweisbar, lösliche nur in Spuren. Hieraus erklärt sich auch der Rückgang
des Magnesiums (-karbonats) von 1,8 auf 1,0 mg/l, während
sich das Kalzium (-karbonat und -sulfat) nur von 2,6 auf 2 ver-
minderte. Nun wurde aber auch Chlor nur in Spuren vor-
gefunden; die Löslichkeit der Chloride läßt folglich auf einen
vollständig trocknen Dampf, auf praktisch absolute Wirkung
der Schaumabscheider schließen, denn die Chloride bilden mit
dem Wasser einen vollständig homogenen Stoff. Das Vorhandensein des Cl in Spuren ist bei dem immerhin schon recht beträchtlichen Gehalt des Rohwassers und der Lauge (dem End-
konzentrat des Rohwassers) an Chloriden und der Schärfe der
Silbernitratreaktion zweifellos ein eindeutiger Beweis für die
Trockenheit des Destillatdampfes. Die organischen Stoffe be-
fanden sich im Abdampfrückstand, waren demnach nicht verdampfbar; aber infolge der Abwesenheit von Chlor im Destillat
müssen sie auch unlöslich gewesen sein, wie das Ca, das Mg,
das SiO_2, das Fe_2O_3 und das Al_2O_3.

Die im Destillat (Probe III) gefundenen Bestandteile
waren somit sämtlich unlöslich in Wasser, verdampfbar sind
sie ebenfalls nicht, sie können also ausschließlich in aller-
feinster Staubform übergegangen sein, und zwar wird sie,

weil schlammförmig, die Dampfströmung an der Innenwandung des den Abscheider bildenden Rohres *a* dem Dampfaustrittstutzen *b* zugeführt haben. Hierin trat auch keine Änderung ein, als eine Leistungssteigerung der Destillation von 3600 kg/st auf 4400 kg/st erfolgte. Eine bei dieser gesteigerten Leistung entnommene Probe ergab wohl eine Steigerung des Abdampfrückstandes, aber Cl und SO_3 waren auch nur in Spuren im Destillat nachweisbar. Nachfolgend eine Gegenüberstellung des Befundes:

Rückstand in 1 Liter Destillat

	bei 3600 kg/st-Leistung	bei 4400 kg/st-Leistung
Abdampfrückstand	26,4 mg	49,0 mg
Glührückstand	8,4 ,,	12,8 ,,
Glühverlust	18,0 ,,	36,2 ,,

In beiden Proben: Chlor in Spuren.

Den Hauptanteil an der Vermehrung des Rückstandes tragen wieder die organischen Stoffe, die um 100 % zunahmen, während sich die anorganischen Stoffe nur um rund 50 % steigerten. Beobachtenswert aus dem analytischen Befunde der mit den Abscheidern Abb. 79 und 80 bei normaler Leistung (3600 kg/st) gewonnenen zwei Destillatproben (Versuch II und III) bleibt noch die auffällige Tatsache, daß trotz ihrer sonst abweichenden Zusammensetzung der Gehalt an Eisenoxyd und Tonerde in beiden Fällen 3,2 mg/l betragen hat. Dieses übereinstimmende Ergebnis führte zu der Vermutung, daß der gleiche Gehalt hauptsächlich der Abnutzung der eisernen Bauteile der Verdampfanlage zuzuschreiben sein müsse. Um diese Annahme experimentell zu realisieren, wurde ein weiterer Destillationsversuch mit der beschriebenen Anlage unternommen, der aber mit einem Rohwasser abweichender Zusammensetzung erfolgte, und zwar mit einem städtischen Leitungswasser, welches einen Abdampfrückstand von 746 m/l enthielt. Die daraus gewonnene Destillatprobe (Versuch IV) ergab im Liter:

Abdampfrückstand	9,6 mg
Glührückstand (anorganische Stoffe)	5,0 ,,
Glühverlust (organische Stoffe)	4,6 ,,
Kieselsäure (SiO_2)	2,2 ,,
Eisenoxyd und Tonerde (Fe_2O_3, Al_2O_3)	0,8 ,,
Kalziumoxyd (CaO)	1,6 ,,

Magnesiumoxyd (MgO) . . . . 0,2 mg
Ammoniak (NH_3) . . . . Spuren
Cl, SO_3, N_2O_5, N_2O_3 waren nicht nachweisbar.
Härte in deutschen Graden $0,1 \cdot (1,6 + 1,4 \cdot 0,2) = 0,19°$

Mit einem Abdampfrückstand von 9,6 mg/l würde dieses Wasser gerade noch den Vorschriften des Deutschen Arzneibuches (10 mg/l) entsprochen haben. Der Gehalt an Eisenoxyd und Tonerde ist aber jetzt von 3,2 mg/l auf 0,8 mg/l geschwunden, so daß angenommen werden kann, daß die eisernen Bauteile der Apparate dem Destillat keinen praktisch bedeutungsvollen Eisengehalt erteilten, also unter dem Einflusse des Destillats keinerlei Abnutzung unterlagen. Diese Annahme findet ihre Stütze darin, daß auch im zugehörigen Rohwasser 48 mg/l Eisenoxyd und Tonerde gefunden wurden, während sich im untersuchten Flußrohwasser (siehe Versuch II) 200 mg/l vorfanden.

Nach der Gleichung:

$$3,2 : 200 = 0,8 : x, \quad x = 50$$

mußten bei gleichbleibendem Verhältnis 50 mg/l vorhanden sein, gefunden wurden 48 mg/l. Eine Abnutzung der eisernen Apparatur kann folglich am Zustandekommen des Eisenoxydgehaltes im Destillat in irgendwie belangreicher Form wohl nicht beteiligt gewesen sein oder eine stoffliche Veränderung in ihm hervorgerufen haben.

In bezug auf das Mitreißen der Schlammpartikelchen, die, geführt vom Dampfstrom, ihren Weg an der Innenseite des Rohres a (Abb. 80) entlang, durch die Adhäsionskraft gehalten, gefunden haben müssen, lag nun der Gedanke nahe, das Dampfabführungsrohr b ein Stück in a hineinragen zu lassen (siehe Abb. 81), um dem direkten Eintritt der Schlammpartikelchen entgegenzuwirken. Die Richtigkeit dieser Annahme bestätigten die mit dem in Abb. 81 dargestellten Destillator vorgenommenen Versuche, die mit eisernen Apparaten ein fast chemisch reines Wasser lieferten, allerdings nur teilweise. Der Abdampfrückstand ging nämlich von 9,6 mg/l auf 5,8 mg/l zurück; es müssen somit auch feinste Schlammteilchen im Dampfstrom freischwebend vorhanden gewesen sein, deren Beseitigung schließlich nur dadurch erreichbar wäre, daß man den Destillatdampf nach dem Verlassen des Abscheiders noch eine zweckentsprechende Filterschicht, die aber nur einen möglichst geringen Widerstand bieten dürfte, durchströmen ließe. Dahingehende Versuche würden allerdings noch zu machen sein. Immerhin sind wohl die gewonnenen Ergebnisse mit Rücksicht auf die Destillatmengen (3600—4400 l/st) schon als recht befriedigende anzusprechen. Übrigens war auch im Apparat nach Abb. 81 der rohrförmige, horizontale Abscheider c mit gelochten Blechstreifen (ähnlich dem Streckmetall) angefüllt; auch war er nur an seinem hinteren Ende gelocht, so daß dem abziehenden Dampf in demselben ein entsprechend langer horizontaler Weg vor Eintritt in den Abzugsstutzen b dargeboten wurde.

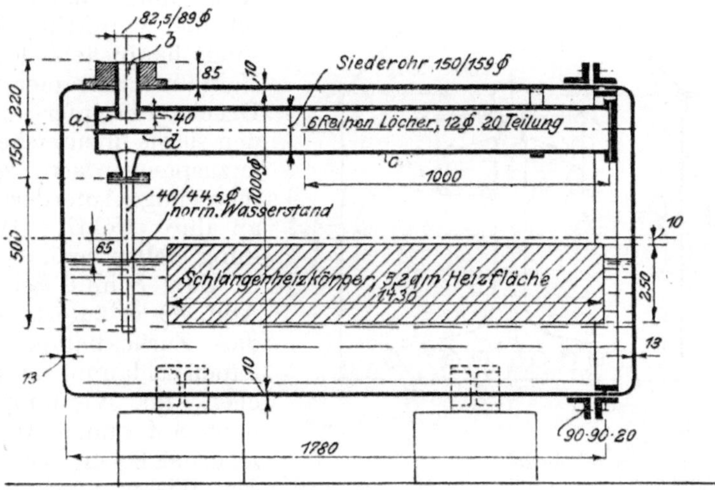

Abb. 81. Liegender Verdampfer mit verbessertem Abscheider nach Abb. 79, jedoch das Dampfentnahmerohr b in den rohrförmigen Abscheider hineinragend.

Durch diese Versuche ergab sich endlich die Unhaltbarkeit der durch die Untersuchung der Abscheider Abb. 68 bis 72 gewonnenen Auffassung, eine vollständige Trocknung des Dampfes sei nicht möglich, vielmehr steige die Feuchtigkeit des Dampfes mit zunehmendem Druck an, eine wichtige Konsequenz. Nach Sendtner wäre die Erzeugung eines chemisch reinen Wassers bei einmaliger Destillation unter der fraglichen Spannung unmöglich gewesen. Wir erkennen hieraus, daß die relativ wenig befriedigende Arbeitsweise der Abscheider Abb. 68 bis 72 durch die Eigenschaft ihrer Bauart, insbesondere durch die Wahl zu geringer oder nicht richtiger Abmessungen, begründet zu sein scheint; denn sie liefern, wie durch Extrapolation an dem Diagramm Abb. 75 nachgewiesen wurde, praktisch trockne Dämpfe erst bei Dampfspannungen, die unterhalb der atmosphärischen liegen (vgl. das Diagramm Abb. 75). Die Anwendung dieser Abscheider empfiehlt sich somit hauptsächlich für Vakuumverdampfer; für Druckverdampfer werden sie als unzureichend anzusprechen sein, wenn man einige Anforderung an ihre effektive Wirkung stellen will.

Zum Schluß sei an Abb. 82 erläutert, wie das Zurückhalten der feinen Schlammpartikelchen im Verdampfer noch auf andere Weise zu ermöglichen bzw. wie die Wirkung des Abscheiders zu ergänzen ist. Die Abbildung, die, abgesehen von kleinen Ergänzungen, einer amerikanischen Fachzeitschrift[27]) entnommen ist, stellt einen Wasserdestillierapparat stehender Bauart dar. Das Rohwasser wird der Blase a durch den Speisestutzen b zugeführt. Die am Boden der Blase befindliche Heizschlange h ist mit der Haube c überdeckt, in die das zu verdampfende Rohwasser durch die Löcher k eintritt. Das Dampf-Rohwasser-Gemisch steigt durch den Hals der Haube c auf und erfährt durch die Glocke d zunächst eine Ablenkung nach unten, wo in dem Behälter

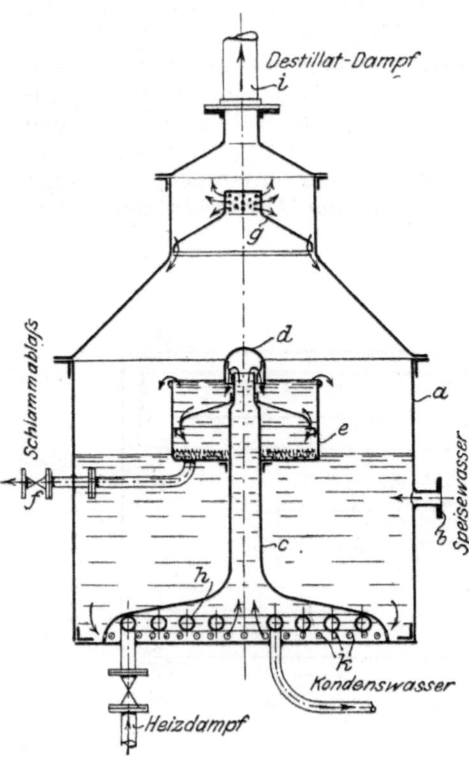

Abb. 82. Destillierverdampfer mit Einrichtung zur Absonderung der im Rohwasser enthaltenen Sedimente im Verdampfer.

27) Metallurgical and Chemical Engineering **12**, 796 (1914).

e eine Trennung von Dampf und Rohwasser stattfindet. Die aufsteigenden Dämpfe durchströmen den Dampftrockner *g*, der beliebiger Bauart sein kann, und entweichen durch Rohr *i* nach dem Kondensator oder der Heizschlange des nächsten Verdampfers (bei Mehrkörper-Verbund-Destillationen). Die flüssigen, aus dem Dampf abgesonderten Beimengungen sammeln sich auf dem Boden von *g* und tropfen in die Blase zurück. Das durch Haube *c* in den Behälter *e* gelangte Rohwasser kommt hier mehr oder weniger zur Ruhe, so daß sich die in demselben enthaltenen schweren Sedimente (unlösliche Karbonate und Sulfate usw.) am Boden von *e* ansammeln, während das von diesen verunreinigenden Stoffen befreite Rohwasser über den Rand von *e* wieder in den Rohwasserraum der Blase gelangt. Die ausgeschiedenen Sedimente kann man alsdann von Zeit zu Zeit durch den Hahn *f* abblasen oder auch kontinuierlich aus *f* als Schlammwasser in konzentrierter Form abziehen.

Das zu verdampfende Rohwasser befindet sich also im ständigen Kreislauf durch *k*, *c*, *d*, *e*, auf dem die durch das Rohspeisewasser in die Blase gelangenden Bodenkörper in *e* aufgefangen und abgeschieden werden. Diese Bauart hat den Vorteil, daß die im einzudampfenden Rohwasser enthaltenen Salze in der Blase selbst keine Anreicherung erfahren können, das Destillat also auch reiner ausfallen muß, weil das Rohwasser, aus dem es entwickelt wurde, ärmer an Schlammteilen ist. Aus diesem Grunde aber wird andererseits auch die Verdampfleistung gehoben, da die Heizflächen sich weniger schnell mit festen Niederschlägen bedecken können. Durch diese Anordnung finden die im Dampfraum oder in der Brüdenleitung angeordneten Abscheidevorrichtungen weiter eine wirksame Unterstützung, die zur Verbesserung der Reinheit des Destillates beitragen muß. Endlich aber findet auch noch eine Steigerung der Wärmewirtschaftlichkeit statt durch die Möglichkeit der Abführung eines sehr konzentrierten Laugen- oder Schlammwassers. Bei den übrigen Bauarten bewirken die allgemein nicht zu vernachlässigenden, durch die Laugenabführung bedingten Verluste thermischer Natur eine Steigerung des Dampf- oder Wärmeverbrauches, wenn dieser als Verlust zu bezeichnende Faktor nicht durch die Anwendung besonderer Wärmeaustauschapparate ausgeglichen werden kann. Der Apparat nach Abb. 82 gestattet hingegen die Abführung stark konzentrierter Schlammassen ohne die Mitgabe beträchtlicher Mengen heißen Rohwassers.

Aus den voraufgehenden Ausführungen entnehmen wir, zurückblickend, daß auch inbezug auf eine Allgemeingültigkeit an die Wirkung der Wasserdestillierapparate recht weitgehende Anforderungen gestellt werden können, deren Erfüllung allerdings die Anwendung geeigneter, zweckentsprechender Bauarten, die der Eigenschaft und der Zusammensetzung des Rohwassers Rechnung tragen, voraussetzt. Mit anderen Worten: die Konstruktion der Apparate und der Arbeitsprozeß selbst ist der qualitativen Beschaffenheit des Rohwassers und der geforderten Qualität des Destillates anzupassen, und in dieser Beziehung glauben wir, durch die im Abschnitt VII gebrachten Ausführungen mancherlei Wege zur Erreichung des gesteckten Zieles und zu fruchtbarer Erkenntnis gewiesen zu haben.

VIII. Schlußbetrachtung.

Wenn wir es auch unternommen haben, in vorliegender Abhandlung in bezug auf Dampftrocknung vorzugsweise die in Verdampfapparaten vorkommenden Verhältnisse einer eingehenden Betrachtung zu unterziehen, so wurde doch auch in Abschnitt VII bereits auf die wesensgleichen Arbeitsgebiete der chemischen Technik verwiesen, für die das Thema „Schaumabscheidung und Dampftrocknung" zum Erreichen vervollkommneter Arbeitsprozesse weiteste Bedeutung besitzt. Das trifft allgemein für diejenigen Zweige des Gewerbes zu, die überhaupt eine Destillation oder Verdampfung flüssiger Stoffe irgendwelcher Art durchzuführen haben, sei es, um ein reines Destillat zu gewinnen oder einen konzentrierten Stoff aus dünnen Lösungen darzustellen. Deshalb sei, ohne deshalb das Ziel, die Besprechung der Verdampfapparate, aus dem Auge zu verlieren, in Anlehnung an die in den voraufgehenden Abschnitten gemachten Ausführungen an dieser Stelle nochmals auf die universelle Bedeutung der Anwendung gutwirkender und sachgemäß gebauter Dampftrockeneinrichtungen zur Vervollkommnung der Wirkung sämtlicher unter die allgemeinen Bezeichnungen: „Verdampf-, Destillier- und Rektifizierapparate" fallenden Einrichtungen der chemischen Technik verwiesen.

In jedem Falle ist mit der Anwendung brauchbarer Abscheider eine Herabminderung oder Beseitigung vorkommender stofflicher Verluste, qualitative Verbesserung der Erzeugnisse, Abkürzung der Dauer von Arbeitsprozessen oder Ersparnis an

Dampf bzw. Wärme verbunden. Und dennoch scheint es nach den erhaltenen Informationen leider eine feststehende Tatsache zu sein, daß sich weite Kreise der Chemiker und Ingenieure bei den von ihnen erbauten oder betriebenen Apparaten der Abscheidevorrichtungen zu ihrem eigenen Nachteil entweder überhaupt noch nicht oder bei weitem nicht in dem tunlichen Umfang bedienen. Allerdings erscheint uns dieser Umstand auf den seither wohl einzig dastehenden Mangel an einschlägigen Veröffentlichungen in Form von Konstruktionsvorschlägen, Mitteilungen von praktischen Ergebnissen usw. zurückzuführen sein, wodurch es dem einzelnen unmöglich wird, sich zweckentsprechend zu unterrichten und sich von Schwierigkeiten frei zu machen. Experimentelle Bestimmungen und praktische Versuche sind nicht immer möglich oder der Beobachtung zugänglich, und so wird denn auf die Anwendung von Abscheidern oft entweder ganz verzichtet, oder es gelangen mangels genügender Erfahrung Konstruktionen zur Ausführung, die den an sie gestellten Erwartungen nur unvollkommen oder überhaupt nicht genügen. Dieser Zustand muß naturgemäß eine Unsicherheit hervorrufen, die jedem weitestgehende Zurückhaltung auferlegt. Man quält sich dann jahrein, jahraus mit Apparaten herum, deren Leistungsfähigkeit mit Rücksicht auf das stets eintretende Mitreißen von Flüssigkeit nur in geringem Umfang ausgenutzt werden kann, und findet sich gewöhnlich mit der Tatsache ab, daß es sich um eine sogen. „schwer einzudampfende oder zu destillierende, stark schäumende Flüssigkeit" handelt, deren Verarbeitung nur unter größter Vorsicht und geringster Wärmezufuhr möglich ist.

Dem Verfasser dieser Abhandlung ist beispielsweise ein solcher Fall bekannt geworden, in dem in einer Dreikörper-Vakuum-Verdampfanlage, die früher zur Eindampfung von Ätznatronlaugen gedient hatte, Leimbrühe auf 30° Bé eingedickt wurde. Es handelte sich um einen auf die Kriegswirtschaft „umgestellten" Betrieb. Infolge der stark schäumenden Flüssigkeit betrug die Verdampfleistung der Anlage natürlich nur etwa $^1/_4$ der normalen. Man hatte sich aber mit dieser Minderleistung in der Annahme, eine Abhilfe sei nicht möglich, abgefunden. Die später auf Vorschlag mit Abscheidern ausgestattete Anlage konnte durch dieselben wieder auf ihre wirkliche Leistungsfähigkeit unter Aufwand ganz minimaler Kosten gebracht werden, sehr zum Vorteil des Unternehmers, der heute mit derselben Anlage und mit denselben Arbeitskräften das Vierfache leistet.

Des weiteren sei noch an den allgemein üblichen Betrieb von Teerdestillierblasen erinnert, deren Abtrieb wegen des durch seinen Wassergehalt stark schäumenden Teers besonders zu Beginn der Destillation nur mit allergrößter Vorsicht erfolgen kann, und wie oft kommt dennoch in der Praxis ein Überschäumen solcher Blasen vor, wobei dann gewöhnlich das schon gewonnene Destillat wieder verunreinigt und verdorben wird. Dieser Übelstand bildet eine Qual für jeden Destillateur, trotzdem dürfte man kaum derartige, mit Schaumabscheidern ausgestattete Destillierblasen antreffen.

Auch in dem Werke von Lunge und Köhler [28]) findet sich ein mehrfacher Hinweis auf das in der ersten Periode der Destillation während der Anwesenheit von Wasser eintretende starke Schäumen des Blaseninhalts, dem man nach Angabe der genannten Autoren nur durch äußerste Vorsicht und stark gedämpftes Feuern der Blasen begegnen kann. Es heißt dort:

„Nach Beobachtungen und Versuchen von H. Köhler ist die Ursache des Übersteigens der Teerblasen in den meisten Fällen, falls nicht grobe Nachlässigkeit zugrunde liegt, im übermäßigen Gehalt des Teers an freiem Kohlenstoff zu suchen. Die sich beim Erhitzen entwickelnden Gas- und Dampfbläschen adhärieren an den feinen Kohleteilchen und können nicht sofort entweichen. Dadurch schwillt das Volumen des Teers plötzlich übermäßig an und findet in der Blase nicht mehr Raum. Teere mit einem Kohlenstoffgehalt von über 25% zeigen starke Neigung zum Übersteigen, während die Destillation von Teeren mit nur 12—15%, auch wenn dieselben stark wasserhaltig sind, meistens ganz normal verläuft. Krämer glaubt aber nicht an eine das Übersteigen befördernde Wirkung des freien Kohlenstoffs an sich; nur halte der daran reiche Teer das Wasser hartnäckiger zurück als kohlenstoffärmere Teere. Übrigens scheint aus neueren Beobachtungen hervorzugehen, daß hierbei auch der Gehalt des Teers an gelösten Gasen eine große Rolle spielt, wenigstens wurde deren Auftreten beim Übersteigen der Blasen in besonders großer Menge bemerkt.“

„Es fehlt nicht an Vorschlägen zu Verhütung des Übersteigens. E. Luhmann bringt im Innern der Teerblase

---

[28]) Dr. G. Lunge und Dr. H. Köhler, Steinkohlenteer und Ammoniak, 5. Aufl., Braunschweig 1912, Friedr. Vieweg & Sohn.

zwischen der Oberfläche des Teers und der unteren Öffnung des Helmes ein linsenförmiges, schmiedeeisernes Gefäß an, das auf seiner Oberseite mit einem Wasserreservoir in Verbindung steht und auf der unteren Seite ein aus der Blase ins Freie führendes Abflußrohr besitzt. Sobald der Arbeiter die Erscheinung des Übersteigens beobachtet (wenn es zu spät ist! Verf.), öffnet er den Zufluß des Wassers zu diesem Gefäß, welches sich rasch mit kaltem Wasser anfüllt und eine schnelle Abkühlung im oberen Teile der Blase bewirkt. Die dadurch kondensierten Dämpfe fallen als Regen auf die Oberfläche des siedenden Teers und beseitigen dadurch die Schaumbildung. Sobald der Zulauf des Wassers zu diesem linsenförmigen Gefäß unterbrochen ist, entleert sich dasselbe sehr rasch wieder. Um ein gänzliches Anfüllen mit Wasser zu ermöglichen, wird das Zulaufrohr weiter als das Ablaufrohr gemacht."

„Auf eine ähnliche Einrichtung hat H. Schröder noch 1893 ein D. R. P. erhalten, das mithin wertlos ist. Vermutlich würde auch die Anordnung einer Brause für Öl unter der Mündung des Helmes die gleichen Dienste leisten, wie ja bekanntlich der Schaum kochender Flüssigkeiten beim Besprengen mit Wasser fällt. H. Kropf (D. R. P. 55 933) verhindert die Schaumbildung sowie das Überlaufen (der Maische oder Würze) beim Kochen dadurch, daß er auf deren Oberfläche kalte Luft bläst, was auch beim Schäumen des Teers seine Wirkung nicht verfehlen dürfte."

„Le Clerqs Patent-Gesellschaft zur Fabrikation von Teer- und Dachpappenmaschinen verhütet (nach D. R. P. 166 723) Übersteigen durch ein System von Heizschlangen, ein geschlossenes Reservoir und eine Pumpe, bei dem nur die Schlangen direkt geheizt werden, wobei man ohne Gefahr viel höher als sonst erhitzen könne."

„Ostreijka (‚Nafta‘ 1908) behandelt einen wasserhaltigen und daher zum Übersteigen neigenden Teer mit überhitztem Dampf, wobei er allmählich bis zur Schmelztemperatur des Zinns (228°) geht. Nach A. Spilker befriedigten alle diese Versuche bei Teer sehr wenig, so daß heute die Methode, den Teer in Blasen zuerst möglichst gut zu entwässern und dann erst der Destillation zu unterwerfen, am meisten Anwendung findet und sich auch gut bewährt" — wenn es sich nicht, wie der Verfasser oft beobachtet zu haben glaubt, um eine sehr stabile Emulsionsbildung handelt.

Und welche Ermäßigung der Anlagekosten, Erleichterung

und Vereinfachung des Betriebes und Abkürzung der Abtriebszeit in allen diesen Fällen ein zweckentsprechend gebauter Schaumabscheider schafft! Ähnlich markant sind die Ausführungen von Ubbelohde und Goldschmitt[29]).

Ein weiteres nicht zu übergehendes Beispiel bildet in dieser Beziehung die Industrie der ätherischen Öle. Darüber berichtet uns von Rechenberg aus seinen Beobachtungen und Erfahrungen[30]): „Gesättigter Dampf, solange er noch mit seiner Flüssigkeit in Verbindung steht, ist so gut wie niemals ganz trocken, d. h. ohne jede Beimengung von Flüssigkeitsteilchen, von feinst zersprengten Tröpfchen. Auch gemäßigte Verdampfung, selbst einfache Verdunstung, wenn nur ein Hauch von Luftbewegung über die Oberfläche der Flüssigkeit zieht, vermag mikroskopisch feine Tröpfchen in die Höhe zu führen. Starkes Sieden reißt aus der wellenschlagenden Flüssigkeit größere Mengen empor; sie werden von dem Dampfstrom schwebend erhalten, oder sie fallen wieder zurück, um durch neu in die Höhe geschleuderte ersetzt zu werden."

„Sehr nasser Dampf ist mehr oder weniger undurchsichtig, ist dunstig. Aber die Klarheit eines Dampfes ist nur dafür ein Zeichen, daß er keine größere Flüssigkeitsmengen enthält, nicht dafür, daß er davon vollständig frei ist, denn in dem klaren, unsichtbaren Dampfe schwebende Tröpfchen sind für das bloße Auge nicht wahrnehmbar; daß sie aber vorhanden sind, beweisen die Erfahrungen bei Gewinnung des ätherischen Öls aus der Pflanze und ebenso bei der Rektifikation stark gefärbter Öle. Trotz langsamster Destillation ist es außerordentlich schwierig, ein Destillat zu erhalten, das von Staub oder anderen nichtflüchtigen gefärbten Teilchen nahezu frei ist."

„Bei jeder Ölrektifikation ist vor allem wichtig, so zu arbeiten, daß das aus der Ölfüllung emporsteigende Dampfgemisch nur aus Dampf besteht und von allen nicht verdampften, nur mechanisch mitgerissenen Flüssigkeitsteilchen frei ist, denn, seien es Spritzer, sei es nur Dunst, jedes mitgerissene Teilchen des Blaseninhaltes verunreinigt und färbt das Destillat. Zu dieser Reinhaltung des Dampfgemisches ist es notwendig, seine Geschwindigkeit zu mäßigen, damit

---

[29]) Dr. L. Ubbelohde und Dr. F. Goldschmitt, Handbuch der Fette und Öle, III. Bd., Leipzig 1910, S. Hirzel.

[30]) v. Rechenberg, Die Gewinnung und Trennung d. ätherischen Öle durch Destillation. Miltitz 1910, Schimmel & Co.

der mitgenommene, aus feinsten Tröpfchen bestehende
Dunst zurücksinken kann."

„Da aber eine Reinhaltung des Dampfgemisches von
mitgerissenem Dunste nicht vollständig möglich ist, wie die
Destillation sehr dunkel gefärbter Öle beweist, wenn deren
Siedepunkt so hoch liegt, daß das Dampfgemisch nur wenig
von ihnen enthält, so ist dafür zu sorgen, daß die Ölfüllung
in der Blase nicht während der Destillation durch Zersetzung
und durch Aufnahme von Metall in der Blase zu sehr nach-
dunkelt. Aus diesem Grunde ist es vorzuziehen, die Blase
derartig mit ätherischem Öl zu beschicken, daß sie nur so
viel enthält, als zur reichlichen Sättigung des Wasserdampfes
mit Öldampf für einige Stunden genügt. Aus dem gleichen
Grunde sind eiserne Blasen für die Wasserdestillation äthe-
rischer Öle wenig empfehlenswert, weil Eisen mit Säuren,
Phenolen und anderen sauerstoffhaltigen Körpern dunkel
gefärbte Verbindungen bildet, so daß das Öl in einer eisernen
Blase sehr bald braun und schließlich schwarz wird."

Hier würden also, wenn — woran allerdings kein Zweifel
besteht, weil es Erfahrungen aus dem Hause Schimmel &
Co., Miltitz, sind — die Ausführungen von Rechenbergs
zutreffen, ebenfalls die Abscheider berufen sein, Abhilfe zu
schaffen, und die Möglichkeit einer Güte- und Leistungssteigerung an Hand geben.

Von Versuchen, die Wirkung der Destillationsapparate
für ätherische Öle durch den Einbau von Dampftrocknern
zu verbessern, ist dem Verfasser nur ein Fall der Praxis zur
Kenntnis gelangt. Es handelte sich um einen kleinen Rein-
nickel-Destillierapparat mit Gasheizung, zur Destillation
künstlicher Riechstoffe unter hoher Luftleere (5 mm Hg).
Dieser Apparat, dessen Blase einen Durchmesser von etwa
500 mm hatte, war mit einem domförmigen Aufsatz von
etwa 200 mm l. W. und etwa 750 mm Höhe ausgestattet,
der mit kleinen Porzellankugeln angefüllt worden war. Der
Konstrukteur des Apparates behauptete, daß die fraktionie-
rende Wirkung des Domaufsatzes ein wesentlich reineres,
höherwertiges Produkt ergäbe, und daß derselbe sich deshalb als unentbehrlich erwiesen habe. Da der Apparat aber
nicht mit einem Dephlegmator versehen war, die Porzellanfüllung des Domes somit auch keinen Rücklauf zugeführt
erhielt, konnte natürlich von ihrer angeblich fraktionieren-
den Wirkung keine Rede sein. Vielmehr findet die bessere
Wirkung ihre Erklärung durch die von der Porzellanfüllung

bewirkte Trocknung des Destillatdampfes. Die Schicht der
Porzellankugeln wirkte eben als Filter, der eine Abscheidung
der flüssigen, aus der Blase übergerissenen Anteile ermög-
lichte. Der dermaßen unbewußt eingebaute Abscheider war
somit ohne eigentliche Kenntnis seiner konstitutiven Eigenschaft und richtige Beurteilung seinerWirkung benutzt worden.

Ähnliche oder gleiche Verhältnisse liegen ferner auch vor
bei Destillierapparaten für Rohnaphtha, für Leuchtölfrak-
tionen, Benzin usw. Zu erwähnen sind weiter noch die
Extraktionsanlagen zur Gewinnung von Ölen und Fetten
mittels flüchtiger Lösungsmittel. Das Öllösungsmittel-
gemisch, die sogen. Miscella, wird hier in Destillierblasen verarbeitet, indem durch Dampfheizschlangen das Lösungsmittel aus dem Gemisch abgedampft wird, um als Rückstand das extrahierte Öl zu gewinnen[31]). In derartigen
Destillierblasen ist die Anwendung von Abscheidern ebenfalls nicht üblich, so daß die Trennung des Lösungsmittels
vom Öl naturgemäß nur eine unvollständige bleiben muß,
während dasselbe, unter Anwendung von Abscheidern ab-
destilliert, bei seiner Wiederverwendung weit aufnahme-
fähiger für Öl sein würde. Der Erfolg wäre also: bessere Aus-
laugung des Extraktionsgutes, größere Ölausbeute, Abkürzung der Chargendauer, Anwendung geringerer Lösungs-
mittelmengen und daraus gleichzeitig: Ersparnis an Dampf
und Zeit.

Auch die Desodorisierapparate der Speiseöl-Raffinations-
anlagen seien endlich noch angeführt. Das sind sogen.
Destillierblasen, die der Entfernung der flüchtigen und un-
angenehmen Geruchs- und Geschmacksstoffe aus dem zu
raffinierenden Speiseöl dienen; sie arbeiten in Verbindung
mit einem Oberflächenkondensator unter Vakuum. Durch
eine am Boden der Blase befindliche Schlange wird ent-
spannter, schwach überhitzter Wasserdampf in das Öl eingeblasen, der, sich mit den zu entfernenden Stoffen anreichernd,
im Kondensator niedergeschlagen wird. Mangels Vorhanden-
seins von Abscheidern ist es nun nicht zu verhindern, daß der
im Öl aufsteigende Dampf auch Teile des wertvollen Speiseöls
mitreißt, das sich im Kondensator wieder mit den Geruchs-
stoffen mischt und als sogen. „Stinköl" abgezogen werden
muß und verlorengeht. Hier würden die Abscheider den
gerade jetzt sehr wichtigen Erfolg bringen können, die Aus-

---

[31]) Siehe z. B. Chem. Apparatur 1, 209/10 (1914).

beute an wertvollem Speiseöl zu steigern, und zwar ohne Beeinträchtigung der qualitativen Beschaffenheit desselben.

Identisch liegen die Verhältnisse ferner bei Destillierapparaten für zahlreiche andere Stoffe, z. B. Glyzerin, Fettsäure usw., ferner den Rektifizierapparaten usw., deren Wirkungsweise und Leistungsfähigkeit durch Anordnung zweckentsprechender Abscheideeinrichtungen verbesserungs- bzw. steigerungsfähig sein würde, ohne Rücksicht darauf, ob sie unter Vakuum oder unter Überdruck arbeiten.

Naturgemäß kann nun nicht ohne weiteres eine Bauart von Abscheidern als für alle Fälle geeignet vorgeschlagen werden, sondern es wird zum Erzielen eines umfassenden Erfolges stets eine eingehende Prüfung aller Sonderfaktoren zu erfolgen haben. Wir wollen dennoch versuchen, nachfolgend in kurzen Zügen Richtlinien für die Beantwortung der sich ergebenden Fragen in allgemeiner Form aufzustellen, eine dem Zweck dienende Sichtung des gebotenen Materials, die den Schlüssel zu dessen Verwertung in die Hand gibt, vorzunehmen.

Die sehr abweichenden Eigenschaften der verschiedenen flüssigen, für eine Verarbeitung in Frage kommenden Stoffe seien als bekannt vorausgesetzt. Bei erster Betrachtung erscheint es wichtig, zwischen stark schäumenden und weniger stark schaumbildenden Flüssigkeiten zu unterscheiden, um danach seine Maßnahmen einzurichten. Daraus folgt aber die Notwendigkeit einer Aufstellung der Glieder dieser zwei Gruppen oder allgemeingültiger Angaben für die Vorausbestimmung der Eigenschaften der in Frage kommenden Stoffe. Bei der nach dieser Richtung noch wenig ausgedehnten Forschung und der Vielseitigkeit der Praxis scheinen aber der Durchführung dieses Vorhabens einige Hindernisse entgegenzustehen. Dahingehende Bemühungen erscheinen auch vollständig entbehrlich, wenn man von der Überlegung ausgeht, daß die Abscheidevorrichtungen stets so gebaut sein sollen, daß sie in den möglichen Grenzen einem Maximum von Anforderung zu entsprechen vermögen. Aus dem gleichen Grunde erübrigt sich folgerichtig auch ein grundsätzliches Unterscheiden zwischen der Behandlung tropfenförmiger Gebilde und zusammenhängender Schaummassen, wenngleich die letztere auch schwieriger erscheinen mag. Stets sollte der Bedingung entsprochen werden, daß das Mitreißen von Flüssigkeit, gleich in welcher Form, kein Hindernis für

die volle Ausnutzung der Leistungsfähigkeit einer
Apparatur bildet, und daß die durch diese Erscheinung auftretenden Verluste, sei es an Flüssigkeit,
sei es an Spannung des Dampfes oder an Wärme,
hervorgerufen durch die Abscheideeinrichtungen, sich innerhalb zulässiger Grenzen halten. Wie
überhaupt die Wahl des Arbeitsprogrammes nicht durch Er-
wägungen über die Schaumbildung und die Möglichkeit von
deren Beseitigung bestimmt werden soll, sondern die Abscheideeinrichtungen sollen dem festgelegten Arbeitsprozeß
in jeder Form genügen.

Aus dieser Gestalt der Fassung entnehmen wir auch gleichzeitig die Antwort auf die Frage, ob der Einfluß vermehrter
Schaumbildung, hervorgerufen durch Verdampfung unter
Druck oder Vakuum, für die Wahl bestimmter Abscheiderbauarten ausschlaggebend ist, nämlich: keineswegs.

Wichtig bleibt dagegen die Berücksichtigung der ther-
mischen Eigenschaft der Flüssigkeiten, insbesondere der Verdampfungswärme. Nicht alle Stoffe erfordern wie das Wasser
ein solches Maß von Wärmezufuhr zu ihrer Überführung vom
flüssigen in den dampfförmigen Aggregatzustand (536,5 WE/kg
unter 760 mm Druck), so beansprucht z. B. das Terpentinöl
nach Schall[32]) nur 68,5 WE/kg unter 760 mm Druck, also
etwa $1/_8$ jener Wärmezufuhr, um in den dampfförmigen Zustand überzugehen, d. h. umgekehrt werden durch das Entziehen geringer Wärmemengen schon beträchtliche Dampfmengen des Terpentinöls verflüssigt.

Auf das Problem der Abscheider übertragen, erfordert
diese Tatsache die weiteste Einschränkung der äußeren
Wärmeverluste der Abscheider, die sonst nicht nur abschei-
dend, sondern auch, vorzugsweise bei Stoffen mit geringer
Verdampfungswärme, stark fraktionierend wirken, was, abgesehen von den an sich unerwünschten Wärmeverlusten,
mit einer Verzögerung des Arbeitsvorganges, mit einer merk-
baren Leistungsverminderung der Apparatur gleichbedeutend
ist. Das führt zu dem Leitsatz: die Abscheider vor
Wärmeverlusten weitestmöglich zu schützen, sie,
soweit dies aus betriebstechnischen Gründen nicht
unzulässig erscheint, überhaupt im Innern der
Apparate anzuordnen. In dieser Beziehung können
besonders die viel zu groß bemessenen Abscheider nach

---

[32]) Dr. R. Biedermann, Chemiker-Kalender 1913, Berlin 1913,
Julius Springer.

Abb. 14 u. 15 als unrationell angesprochen werden, abgesehen von ihren an sich schon hohen Herstellungskosten und ihrer, wie wir noch sehen werden, mangelhaften Wirkungsweise. Es sei hierzu an die jedem Chemiker bekannte Tatsache erinnert, wie schwer es beispielsweise hält, hochsiedende Kohlenwasserstoffe in den kleinen, im Laboratorium gebräuchlichen Glasretorten und Destillierkolben überzudestillieren. Selbst bei kräftiger Heizung genügt schon die äußere Abkühlung dieser Versuchseinrichtungen oft, um den ganzen Destillatdampf an ihrer Wandung niederzuschlagen, wo man ihn verflüssigt herabrieseln sieht; erst durch mit allen Mitteln gesteigerte Wärmezufuhr gelangen geringe Mengen des Dampfes nach dem angeschlossenen Kühler.

An Hand der Abbildungen haben wir dann zusammenfassend unterscheiden können zwischen Fliehkraft-, Stoßkraft- und Schwerkraftabscheidern und solchen durch Adhäsionskraft oder auf Grund von Vereinigungen dieser Kräftearten wirkenden. Vertreter der ersten Gattung, der Flieh- oder Schleuderkraftabscheider, sind z. B. die Apparate nach Abb. 14, 15, 16, 17, 24, 25, 31, 32 usw. Ausführungen von Stoßkraftabscheidern stellen die Abb. 10, 26, 27, 28 usw. dar. Das Prinzip der Bauarten von Schwerkraftabscheidern führen uns die Abb. 59 u. 79 vor, während endlich die Abb. 42 u. 49 Ausführungsformen von Adhäsionskraftabscheidern und Abb. 11, 12 usw. solche von kombinierten Apparaten verkörpern.

Bezüglich der durch Adhäsionskraft wirkenden Abscheider haben wir uns in unserer Abhandlung lediglich auf die Wiedergabe zweier Ausführungsformen und deren Beschreibung beschränkt, indem wir hervorheben, daß sich diese Abscheider nicht für die Zerstörung und Ausscheidung zusammenhängender Schaummassen aus Dämpfen eignen. Die die Adhäsionskraft erzeugenden, feinen, filterartigen Einbauteile können eben nicht schaumzerstörend und schaumabscheidend wirken, die Adhäsionskraft hält die Massen vielmehr zurück und läßt sie folglich bei hinreichender Menge einfach durchtreten, sie dem Dampf wieder zusetzend. Dieses Wirkungsprinzip eignet sich demnach vorzugsweise zur Entfernung geringer Mengen flüssiger oder fester Anteile aus Dämpfen, wenn sie in diesen staubförmig zerteilt vorkommen, z. B. in Wasserdestillieranlagen zur endgültigen Reinigung des Destillatdampfes, der bereits einen Abscheider anderer Bauart durchströmt hatte. Daß diese Art der Abscheider ferner leicht Verstopfungen ausgesetzt ist, sei nebenher erwähnt.

Eine ebenfalls durchweg nicht ganz befriedigende Wirksamkeit besitzen die auf Stoßkraft oder Prellwirkung beruhenden Abscheider, was wir bei der Besprechung der Untersuchung von Ölabscheidern (Abdampfentölern) bereits erwähnten, ebenso bei der Betrachtung zu den Wasserabscheidern Abb. 68 (vgl. auch das Diagramm Abb. 75), die die Unterlegenheit des Stoßkraftprinzipes dartat. Diese Minderleistung erscheint uns für dasselbe typisch; sie erklärt sich wohl dadurch, daß das beabsichtigte Aufprallen des Dampfstromes auf eine ihm rechtwinklig zu seiner Achse dargebotene Prallplatte, die die Abscheidung der flüssigen Anteile bewirken soll, sich teilweise als Prellwirkung äußert, die die Flüssigkeit fein zerstäubt und sie in dieser Form dem Dampfstrom teilweise wieder zumischt.

Als wirksame Abscheiderbauarten verbleiben uns dann, wie Erfahrung, Theorie und auch die mitgeteilten Versuche übereinstimmend lehrten, die Schleuderkraft-(Fliehkraft-) und die Schwerkraftabscheider, und diese sollten deshalb bei Verdampfapparaten stets Anwendung finden. Bedenkt man jedoch, daß die Schwerkraftabscheider, wenn sie einen Dampfstrom von sehr leichten und zähen Schaummassen reinigen sollen, versagen müssen, weil die Schaumteile sich auf einem, wenn auch hinreichend langen, horizontalen Wege wohl zu Boden legen, aber nicht zerstört werden, und deshalb trotz geringer Dampfgeschwindigkeiten aus dem Abscheider wieder mitgerissen werden müssen, so kennzeichnet sich durch diese Erwägung das Prinzip der Schleuderkraftwirkung als das idealste in bezug auf seine Anwendung für Abscheider an Verdampfapparaten.

Allerdings kann damit keineswegs die Behauptung aufgestellt werden, jeder Schleuderkraftabscheider sei ein Muster eines Abscheiders; dies wäre unhaltbar. Diesbezüglich sei nur auf das zu den Abb. 2 und 3 Gesagte verwiesen, worin von vollständig unwirksamen Schleuderkraftabscheidern die Rede ist. Verläßlich wirksam kann ein Schleuderkraftabscheider nur sein, wenn in ihm dem Dampfflüssigkeitsgemisch hinreichende Beschleunigung erteilt wird, der ein plötzlicher Richtungswechsel unter gleichzeitig verminderter Dampfgeschwindigkeit folgt. Das Gemisch muß also im Augenblick des Richtungs-

wechsels aus einem engen, ihm große Geschwindigkeit verleihenden Querschnitt in einen weiten, seine Geschwindigkeit
beträchtlich vermindernden, übergeleitet werden. Die Flüssigkeitsteile, ob Schaum oder Tropfen, setzen bei dem Richtungswechsel auch im erweiterten Raum mit verminderter Dampfgeschwindigkeit ihre ursprüngliche Wegerichtung infolge der
ihnen innewohnenden lebendigen Kraft mit zunächst unverminderter Geschwindigkeit fort, wodurch sie sich aus dem
Dampfstrom ausscheiden.

Die kinetische Energie des Dampfes nimmt mit dem
Quadrat von v ab (vgl. Formel II, Abschnitt III). Ein
Richtungswechsel ohne nachfolgende Verminderung der
Dampfgeschwindigkeit würde folglich nur einen Teilerfolg
in bezug auf die Abscheidewirkung ermöglichen, da der
durch die Strömungsgeschwindigkeit auf die flüssigen Anteile
ausgeübte Druck einen nicht zu vernachlässigenden Faktor
unter den Gliedern der Bewegungskomponente darstellt;
er steigt bzw. fällt mit dem Quadrat von v, da v in Formel II
als Dividend auftritt.

Gleichfalls unerläßlich ist aber auch die Beschleunigung
der Strömungsgeschwindigkeit vor dem Richtungswechsel,
weil die lebendige Kraft, die Fliehkraft der Flüssigkeitskomplexe, ebenfalls mit dem Quadrat der Geschwindigkeit
anwächst, was wir aus Formel VI, Abschnitt III, ersehen
können, in der v wieder als Dividend erscheint. Von Einfluß
auf die Abscheidewirkung bleibt dann noch die Form des
Richtungswechsels, der in der Formel VI durch den Wert r
in Gestalt des Halbmessers des Bogens, welcher vom Dampfstrom während des Richtungswechsels zu beschreiben ist,
zum Ausdruck gelangt. Und zwar wächst die Fliehkraft (C),
wie wir aus der genannten Formel VI ersehen, einfach proportional mit abnehmendem r, das die Stelle eines Divisors in
der Gleichung vertritt. Wir ziehen daraus die Folgerung,
daß es lediglich auf einen möglichst scharfen Richtungswechsel ankommt, wobei es gleichgültig sein muß, ob derselbe 45, 90 oder gar 180° und mehr ausmacht. Eine
unnötige Gradsteigerung würde somit nur den Druckabfall erhöhen, was vermieden werden sollte. Auch ein
mehrfach wiederholter Richtungswechsel erscheint wertlos.
Denn die beim ersten Wechsel mitgerissenen Flüssigkeitspartikelchen würden auch dem zweiten und folgenden
nicht auszuweichen vermögen. Dies ermittelte übrigens
auch Sendtner[21]), der mehrere Abscheider hintereinander

schaltete und dadurch keine Verminderung der Dampffeuchtigkeit erzielen konnte. Es kann also allgemein das Hindurchtreiben des Dampfes durch mehrere Abscheidevorrichtungen (wie es nach D. R. P. 283 444 vorgeschlagen wird, siehe Abb. 51) keine weiteren Vorteile bringen, wenn bei der Wahl von nur einem Abscheider von den richtigen Voraussetzungen ausgegangen wurde. Vielmehr bringt die Anwendung mehrerer Abscheider hintereinander, wie auch der Erfinder in der Patentschrift richtig sagt, einen erheblichen Druckabfall, der lediglich mit einer unerwünschten Einbuße an Verdampfleistung verbunden ist.

Man hat es somit in der Hand, die durch den Dampfstrom auf die Flüssigkeitspartikelchen hervorgebrachte Bewegungskomponente durch die Wahl richtiger Apparatquerschnitte weitestmöglich auszuschalten, wobei die dem Richtungswechsel voraufgehende Beschleunigung der Strömungsgeschwindigkeit des Gemisches wirksame Unterstützung bietet. Diese Maßnahme, die stets einen wenn auch geringen Druckabfall bzw. eine entsprechende Expansion des Dampfes zur Folge haben muß, bewirkt unfehlbar eine augenblickliche Zerstörung aller Schaumblasen und eine sehr exakte Trennung von Dampf und Flüssigkeit, die noch durch den Aufprall der Flüssigkeit auf die nächstliegende Wand Unterstützung erfährt.

Durch den Druckabfall wird weiter noch ein Teil der im Dampf enthaltenen Gesamtwärme frei. Diese entbundene Wärme kommt in einer entsprechenden Überhitzung des Dampfes zum Ausdruck, durch die noch eine Verdampfung fein zerteilter Flüssigkeitspartikelchen erfolgen kann. Wenn durch den meist geringen Druckabfall auch nur eine geringe Überhitzung entsteht, so glauben wir doch auf die geschilderte Möglichkeit hinweisen zu sollen, zumal es sich andererseits bei richtig gebauten Abscheidern ebenfalls nur um winzige Flüssigkeitsmengen handelt, die für die Verdampfung in Frage kommen. Allerdings verbleibt dann der feste Verdampfungsrückstand trotzdem in Staubform im Dampf.

Machen wir uns die Wirkung an einem allerdings etwas extremen Fall klar, so ist beispielsweise die Gesamtwärme in 1 kg Wasserdampf unter einem Druck von 8 kg/qcm abs. = 658,18 WE und diejenige in 1 kg Dampf von 1,5 kg/qcm abs. = 640 WE. Wenn man Dampf sich ausdehnen läßt, bis der Druck von 8 kg/qcm auf 1,5 kg/qcm gesunken ist, und zwar ohne an einem Körper außer in sich selbst Arbeit zu verrichten, so werden für jedes Kilogramm Dampf 658,18—640,28

$= 17,9$ WE frei, wenn man die durch die Ausdehnung bedingte Wärmeabsorption vernachlässigt. Da nun unter einem Druck von 1,5 kg/qcm 528,87 WE nötig sind, um 1 kg Wasser von Siedetemperatur in Dampf zu verwandeln, so wäre eine genügende Wärmemenge frei, um $17,9 : 528,87 = 0,034$ kg Wasser zu verdampfen. Mit anderen Worten: es würde unter diesen Verhältnissen ein Wasserdampf mit einem Feuchtigkeitsgehalt von 3,4 v. H. durch die infolge der Expansion frei gewordene Wärme theoretisch vollständig trocken werden können.

Zusammenfassend gelangen wir zu einem weiteren wichtigen Grundsatz: **Richtig gebaute Schleuderkraftabscheider gestatten in jedem Falle die praktisch vollständige Entfernung der mitgerissenen Schaumteile aus dem Dampf, und zwar unter richtiger Ausnutzung der Gesetzmäßigkeit der Fliehkraft bzw. des Richtungswechsels, der Geschwindigkeitsverminderung, des Druckabfalles und der Prellwirkung** (Auftreffen der ausgeschleuderten Flüssigkeit auf die Gefäßwand des Abscheiders, was wir aber, da als nicht beabsichtigte Nebenwirkung auftretend, nicht in den Kreis unserer Erörterung ziehen wollen).

Erfahrungsgemäß kann die Geschwindigkeit der Dampfströmung vor dem Richtungswechsel bei Dämpfen atmosphärischer und höherer Spannung 20—30 m/sek betragen, bei Vakuumdämpfen kann man, ohne einen zu hohen Widerstand zu erhalten, auf 30—40 m/sek, ja bis 60 m/sek gehen. Die Art des Richtungswechsels und das Maß der Verminderung der Strömungsgeschwindigkeit nach demselben ergibt sich oft ohne weiteres aus der Art der gewählten Bauart des Verdampfers (siehe z. B. Abb. 16) oder Abscheiders (z. B. Abb. 17). Günstig liegen diese Verhältnisse beispielsweise in den Abscheidern nach Abb. 46 u. 47, weniger günstig bei den Apparaten nach Abb. 58 u. 61, und ungünstig endlich in den Abscheidern nach Abb. 71 u. 72, die sehr enge Gehäuse besitzen. Hier finden wir auch gleichzeitig eine Erklärung für die besonders bei gesteigerter Dampfspannung wenig befriedigende Wirkung der letzteren.

Daß die Feuchtigkeit des Dampfes bei engem Gehäusequerschnitt größer sein muß als bei weitem, bestätigt uns ebenfalls die Formel (II), welche lehrt, daß der auf die Flüssigkeitspartikelchen ausgeübte Druck (D) einfach proportional mit dem spezifischen Gewicht des Dampfes, in dem sie sich be-

finden, wächst. Dieser Wirkungskomponente kann man aber
durch entsprechende Verminderung der Dampfgeschwindigkeit bei einsetzendem Richtungswechsel, d. h. durch die Anwendung entsprechend erweiterter Abscheidergehäuse, wirksam begegnen. Mit anderen Worten: Der Dampf höherer
Spannung erfordert bei gleichem Volumen einen
weiteren Gehäusequerschnitt des Abscheiders als
der niederer, wenn die Dampffeuchtigkeit als eine
konstante Größe erscheinen, also mit zunehmender Spannung nicht anwachsen soll.

Wenn wir nun zur Nachprüfung der soeben auf Grund
der Formeln (II) und (VI) gepflogenen Betrachtungen noch
unsere Diagramme Abb. 74 u. 75 heranziehen, so erhalten wir
noch weitere Aufschlüsse, die für uns interessant sind. Untersuchen wir zunächst einmal den Einfluß der Dampfspannung
(spezifisches Gewicht des Dampfes) auf die Dampffeuchtigkeit! Aus Formel (II) und (VI) bzw. (V) wissen wir, daß der
vom Dampf auf die Flüssigkeitspartikelchen ausgeübte Druck
proportional mit der Dampfspannung anwächst. Graphisch
dargestellt müßte also die dies veranschaulichende Kurve
einen linearen Verlauf zeigen. Eine solche Darstellung besitzen wir aber bereits in unserem Diagramm Abb. 75, das
die Abhängigkeit der Dampffeuchtigkeit vom Dampfdruck
darstellt; die eingezeichneten Kurven zeigen linearen Verlauf, und zwar ein Anwachsen der Feuchtigkeit bei zunehmendem Dampfdruck und konstanter Dampfgeschwindigkeit,
d. h. gleichem Gehäusequerschnitt und gleicher Lichtweite
der Anschlüsse.

Man könnte somit sagen, daß die Kurve des Diagramms
die Summe des Einflusses aus Dampfdruck und Dampfgeschwindigkeit darstellt; sie bringt aber lediglich den Einfluß des Dampfdrucks zum Ausdruck, da die Geschwindigkeit in der Summe als konstante Zahl vertreten ist. Er-
mäßigt man die Geschwindigkeit des Dampfes mit Beginn
des Richtungswechsels (Erweiterung des Abscheidergehäuses,
nicht auch der Lichtweite der Anschlüsse, die für die Geschwindigkeit des Dampfflüssigkeitsgemisches vor dem Richtungswechsel maßgebend ist, also auch für die Fliehkraftwirkung),
muß dies einen Abfall der Dampffeuchtigkeit zur Folge
haben. Durch die Anwendung entsprechend erweiterter Abscheidergehäuse bei zunehmendem spezifischen Gewicht des
Dampfes (höhere Dampfspannung) ist uns somit ein Mittel
an die Hand gegeben, dem Ansteigen der Feuchtigkeit zu

begegnen. Betrachtet man die Steigung der Kurve als Maß
für die Erweiterung, so müßte letztere gestatten, dieser
Kurve auch linearen horizontalen Verlauf zu geben, d. h.
ein Ansteigen der Feuchtigkeit mit zunehmendem Dampfdruck
zu verhindern, wobei zu berücksichtigen ist, daß der Einfluß
der Geschwindigkeit sich mit dem Quadrat von v steigert.

Für die Nachprüfung des Einflusses der Flieh- oder
Schleuderkraft können wir das Diagramm Abb. 74 wählen,
das den Einfluß der Geschwindigkeit auf die Dampffeuchtigkeit veranschaulicht. Nach Formel (II) steigt der vom Dampf
auf die flüssigen Anteile ausgeübte Druck mit dem Quadrat
seiner Geschwindigkeit an, was durch Zunahme der Dampffeuchtigkeit mit wachsender Geschwindigkeit zum Ausdruck
kommt. Eine geringere Dampfgeschwindigkeit liefert somit
trockeneren Dampf als höhere. Das Diagramm Abb. 74 lehrt
aber gerade das Umgekehrte, bzw. daß die Feuchtigkeit des
Dampfes mit zunehmender Geschwindigkeit schnell ab-
nimmt, so daß hier ein Abweichen von der Gesetzmäßigkeit
vorzuliegen scheint. Das ist aber keineswegs zutreffend,
wenn wir nicht nur die Formel (II), sondern auch Formel (V)
und (VI) zur Erklärung für diese Tatsache heranziehen.

Nach Formel (II) wächst zwar der durch die Dampfströ-
mung auf die Flüssigkeitsteilchen ausgeübte Druck mit dem
Quadrat von v, aber im gleichen Verhältnis auch die Flieh-
oder Schleuderkraft, die uns Formel (V) und (VI) erläutert.
Die diesen Formeln folgenden zwei Rechnungsbeispiele
(Seite 122[1917]) zeigen uns die außerordentlich voneinander
abweichenden Werte der Fliehkraft des Dampfes und der
Flüssigkeit; sie verhalten sich in den angeführten Rechnungs-
beispielen wie 1 : 9000 bzw. 1 : 13 000. Dieses erhebliche
Übergewicht der Fliehkraft der Flüssigkeit macht es klar,
daß neben ihr die Einwirkung der Dampfgeschwindigkeit
nach dem Richtungswechsel völlig in den Hintergrund tritt.
Streng genommen veranschaulicht also das Diagramm nicht
allein die Abhängigkeit der Dampffeuchtigkeit von der
Dampfgeschwindigkeit, sondern die Summe der Einwirkung
dieser und der Fliehkraft. Folgerichtig schließen wir, daß
der Fliehkraftwirkung der Hauptanteil am Grad des Gelingens
der Dampftrocknung zugeschrieben werden muß, und daß
die richtige Bewertung der Geschwindigkeitswirkung bei
beginnendem Richtungswechsel (genügend weite Gehäuse) deren Erfolg lediglich wirksam zu unterstützen vermag. Die Geschwindigkeit des nassen Dampfes vor dem

Richtungswechsel dient ausschließlich der Erzeugung der Fliehkraft.

Nach der dermaßen behandelten Trennung von Dampf und Flüssigkeit kommen wir nunmehr zur Besprechung der Ableitung beider Stoffe aus den Abscheidern. Über die Fortleitung des getrockneten Dampfes ist nicht viel zu sagen; sie muß vor allem so erfolgen, daß eine Zumischung von Bestandteilen der ausgeschiedenen Flüssigkeit zu ihm nicht wieder erfolgen kann, und daß er andererseits beim Übergang aus dem weiten Gehäusequerschnitt in den engeren Rohrleitungsquerschnitt möglichst wenig Widerstand findet, der unzulässigen Druckabfall bewirken könnte. Dann ist darauf zu achten, daß der abziehende getrocknete Dampf keine Saugwirkung auf die abfließende ausgeschiedene Flüssigkeit ausübt, die zur Anstauung der Flüssigkeit führen kann, ein oft beobachteter Konstruktionsfehler. Diese Erscheinung tritt vorzugsweise dann auf, wenn sich der Dampf- und Flüssigkeitsstutzen an Abscheidergehäusen kleinen Durchmessers diametral gegenüberstehen (siehe Stutzen a und b in Abb. 2).

Das Rohr zur Abführung der Flüssigkeit bedarf besonders hinreichender Weite. Zu berücksichtigen ist bei dessen Bemessung einmal der Widerstand im Abscheider, dessen Überwindung ein entsprechendes Gefälle erfordert, andererseits ist aber auch ein der Menge der Abscheiderflüssigkeit entsprechendes Gefälle zur Verfügung zu stellen, um diese restlos durch das Rückflußrohr befördern zu können; ein Anstauen von Flüssigkeit im Abscheider infolge zu engen Rücklaufrohres darf auf keinen Fall erfolgen.

Nach diesen Gesichtspunkten ist das anzuwendende Gesamtgefälle zu bestimmen, worauf man nach der bekannten Gleichung:

$$\text{Flüssigkeitsmenge} = \text{Rohrquerschnitt} \cdot \text{Geschwindigkeit},$$

$$\text{oder} \qquad \text{Rohrquerschnitt} = \frac{\text{Flüssigkeitsmenge}}{\text{Geschwindigkeit}}$$

zur Kenntnis des gesuchten Rohrdurchmessers gelangt. Über den Widerstand der Abscheider haben wir bereits in Abschnitt VI und VII Näheres erfahren; unbekannt ist noch die Masse der ausgeschiedenen Flüssigkeit. Diese kann nun allerdings sehr variabel sein, je nach Art der einzudampfenden Flüssigkeit und der Höhe wie überhaupt der Bauart des Verdampfers. Bei stark schäumenden Flüssigkeiten macht das Gewicht der Flüssigkeit gewöhnlich ein Mehrfaches des

Gewichtes der Brüdendampfmenge aus. Nach Beobachtungen
des Verfassers mag der Rücklauf zuweilen mit dem 2—3 fachen
Gewicht der Brüdendampfmenge einzuschätzen sein, und man
wird bei Bemessung des Rücklaufrohres gut tun, das Verhältnis : Gewicht des Brüdendampfes : Gewicht des Rück-
laufes gleich 1 : 3, besser noch gleich 1 : 4 und höher zu setzen.
Über Wärme- und Energieverluste der Abscheider ist in Abschnitt VI und VII bereits ausführlich gesprochen worden,
so daß an dieser Stelle darauf verwiesen sein mag.

Nachdem wir die Fliehkraft als den wesentlichsten aller
für eine gute Wirkung in Frage kommenden Faktoren erkannt
haben, so wissen wir gleichzeitig, daß ein Abscheider nur bei
konstanter maximaler Dampfmenge den Flüssigkeitspartikelchen die zur Hervorbringung hinreichender Fliehkraft
erforderliche Geschwindigkeit (vor dem Richtungswechsel)
zu erteilen vermag. Ein Abfall der Dampfmenge bei konstantem Druck bringt stets einen entsprechenden Abfall
der Geschwindigkeit des Dampf- und Flüssigkeitsgemisches
und folgerichtig auch ein Nachlassen der Fliehkraft (mit dem
Quadrat von v) mit sich, was sich in einem Ansteigen der
Dampffeuchtigkeit hinter dem Abscheider, in gesteigertem
Überreißen von Flüssigkeit dartut (siehe Diagramm Abb. 75).

Nun ist aber im praktischen Betrieb, wie jeder Fachmann
weiß, stets mit Schwankungen in der Dampfentwicklung, und
sogar oft recht erheblichen, zu rechnen, womit wir weiter zu
der Erkenntnis gelangen, daß selbst der beste Abscheider
nur dann dauernd wirksam sein kann, wenn er der
Dampfmenge entsprechend einstellbar gebaut ist
(siehe Abb. 16 u. 46).

Jede Leistungsschwankung ist allerdings von außen nicht
erkennbar, man kann ihr deshalb nur mit Erfolg begegnen durch die Anwendung von Fliehkraftabschei-
dern, die sich selbsttätig nach dem durchströmenden Dampfvolumen einstellen; nur dann ist ein
andauernd verlustfreies Eindampfen sichergestellt.
Wenn wir daraufhin unsere Abbildungen überblicken, so
finden wir nur einen Abscheider (Abb. 47; siehe die praktische Ausführungsform dieses Apparates in Chem. Apparatur 2,
91 [1915], Abb. 5), der diesen Bedingungen entspricht. Selbst
der Fliehkraftabscheider nach Abb. 51 mit seinen zahlreichen
Bauteilen (Prellteller, Leitschaufeln, Düsenseparator, Prellseparator usw. [siehe die Beschreibung], der zur Eindampfung
stark schäumender Flüssigkeiten unentbehrlich sein soll, ent-

spricht nicht dieser Forderung. Diese zahlreichen Bauteile sind
entbehrlich, denn sie vermögen keine Fliehkraft zu erzeugen,
was übrigens auch der Erfinder festgestellt haben wird, nachdem er diese große Anzahl von Teilen zur Schaumabscheidung
für erforderlich erachtet. Hierzu sei ein Satz aus der Beschreibung zu der Abb. 46 wiederholt, zu der der Erfinder
dieses Apparates sagt: „Anstatt des einen Sammelraumes a
können auch mehrere verwendet werden. Der Erfinder zieht
es indessen bei Anwendung des verstellbaren Prelltellers b
vor, einen Sammelraum zu benutzen, da derselbe sich in
der Praxis infolge der raschen Trennung des Schaumes vom
Dampf durch den verstellbaren Prellteller b als ausreichend
erwiesen hat.‟

Nunmehr sind wir in der Lage, mit Sicherheit und ohne
Zurückhaltung die Frage zu beantworten: „Welcher Abscheider bewirkt unter allen Umständen eine vollständige Ausscheidung schaumförmiger Flüssigkeitsmassen aus dem Brüden- oder Destillatdampf-
strome?‟ Nämlich: „Jeder Fliehkraftabscheider, der
die Erzeugung einer hinreichenden Fliehkraft auch
bei schwankender Dampfmenge durch selbsttätiges
Sicheinstellen gewährleistet!‟

Das einfachste Mittel stellen zweifellos federbelastete
oder gewichtsbelastete Ventile dar, deren Belastung von
außen von Hand regelbar ist, um den Abscheider so einstellen zu können, daß man mit einem Minimum von Widerstand, d. h. Druck- oder Spannungsabfall, auskommt. Die
Anwendung vieler solcher Ventile in einem Abscheider
(siehe Abb. 5 in Chem. Apparatur 2, 91 [1915]) stellt lediglich
eine Komplikation der Bauart dar; ein einzelnes, hinreichend
weit gehaltenes Ventil tut bessere Dienste. Alle Fliehkraftabscheider mit drehenden bzw. umlaufenden Teilen sind zu
verwerfen; sie sind infolge hoher Drehzahlen zu sehr der Abnutzung und Betriebsstörungen unterworfen, bedürfen un-
ausgesetzter Wartung und Schmierung und verursachen
einen höheren Spannungsabfall als solche mit festen Einbauteilen.

Nachdem wir der Frage des „Überreißens der Massen
siedender Flüssigkeiten in Verdampfapparaten‟ nicht mehr
so ratlos gegenüberstehen, wie es anfangs nach oberflächlicher Betrachtung erscheinen mochte, können wir nunmehr
auch dazu übergehen, die an die effektive Wirkung der Abscheider zu stellenden Anforderungen zu formulieren. Nach

dem Befund des Diagramms Abb. 75 würde ein einigermaßen trockener Dampf erst bei Vakuumbetrieb zu erhalten sein. Die Feuchtigkeit steigt mit zunehmendem Druck recht merklich an. Aus dem in Abschnitt VI beschriebenen Versuch an dem Verdampfer Abb. 16 wissen wir andererseits, daß unter Vakuum mit Abscheidern ein praktisch vollkommen trockener Dampf erreichbar ist, nachdem in 1 l Brüdenkondensat nur 19 mg mitgerissener Flüssigkeit gefunden wurden. Mit anderen Worten: der Dampf hatte eine Feuchtigkeit von $< 0{,}0019$ v. H., bzw. es betrug das Verhältnis mitgerissener Flüssigkeit zu verdampfter Flüssigkeit rund 1 : 50 000. Selbst wenn unter besonders ungünstigen Umständen dieses Verhältnis nicht erreichbar sein sollte, so wird man die Beziehung 1 : 10 000—1 : 20 000 in jedem Falle als minimalstes Maß fordern können. Auch bei einer Verdampfung unter Druck mögen diese Werte als Maß der Leistungsfähigkeit gelten, nachdem wir durch die Versuche an den Mehrstufen-Druckverdampfern Abb. 79, 80 u. 81 sogar mit den Schwerkraftabscheidern nachgewiesen haben, daß die Erzeugung eines praktisch trockenen Dampfes auch unter Überdruck keine Schwierigkeiten bietet.

Von besonderer Wichtigkeit bleibt diese Tatsache für die Wasserdestillieranlagen, wenn sie der Erzeugung reinen, den Bedingungen des Deutschen Arzneibuches entsprechenden Destillates dienen sollen. Diesbezüglich haben die in Abschnitt VII mitgeteilten Versuche bewiesen, daß die vielverbreitete Annahme, ein chemisch reines Wasser könne nur durch wiederholte Destillation in kupfernen, verzinnten Apparaten gewonnen werden, irrig ist. Von Bedeutung für den Erfolg bleibt unter Voraussetzung der Anwendung sachgemäß gebauter Apparate (Verdampfer, Abscheider und Kondensatoren) lediglich die Qualität des benutzten Rohwassers und der Grad seiner Eindampfung, d. h. ein Rohwasser mit möglichst geringem Verdampfrückstand und Gehalt an organischer Substanz sowie reichliche Laugenabführung sichern die Reinheit des Destillates. Vorteilhaft ist es stets, ein Rohwasser zu benutzen, das in der Hauptsache nur leicht lösliche Beimengungen enthält, die sich im Verdampfer nicht sogleich auszuscheiden beginnen und sich demzufolge dem Destillatdampf in Form eines äußerst fein zerteilten Schlammstaubes zumischen. Steht ein solches Rohwasser nicht zur Verfügung, empfiehlt sich die Anwendung besonderer Schlammabscheider im Innern der Verdampfer, etwa nach Art der Abb. 82; sie werden in den meisten Fällen vorzügliche Dienste leisten.

Ein Rohwasser mit besonders hohem Gehalt an schwer löslichen Salzen von Kalzium und Magnesium in Gestalt von Kalziumsulfat usw. und den sich in der Wärme in einfache Karbonate verwandelnden Bikarbonaten von Kalzium und Magnesium, $Ca(HCO_3)_2$, $Mg(HCO_3)_2$, kann auch vor Einleitung des Destillationsprozesses einer chemischen Reinigung unterworfen werden. Die dann erforderliche Vorwärmung des Rohwassers bewirkt man am besten durch die Abwärme der Destillation. Nachfolgende Zahlentafeln 5, 6 und 7[33]) bringen eine kurze Übersicht der Löslichkeit der hauptsächlich im Rohwasser vertretenen Sulfate, Karbonate und Chloride; sie mögen zur Beurteilung der Sättigungsgrenze mancher Rohwässer von Diensten sein.

Für die dem Destillationsprozeß voraufgehende chemische Aufbereitung des Rohwassers kommt, abgesehen von einigen patentierten Verfahren, vorzugsweise eine Reinigung mittels Ätznatron, Ätzkalk, Soda oder Ätzkalk und Soda in Frage.

Zahlentafel 5.

Löslichkeit der Sulfate.

Die Zahlen nennen die Gramm wasserfreier Substanz in 100 g Lösung.

Bezeichnung des Stoffes	Sinnbild des Moleküls	Temperatur der Lösung ⁰ C	Löslichkeit
Kalziumsulfat	$CaSO_4$	15	0,198
		45	0,21
		107	0,163
		150	0,047
		200	0,016
Magnesiumsulfat	$MgSO_4$	15	24,90
		60	35,50
		100	40,60
		164	29,30
		188	20,30
Natriumsulfat	Na_2SO_4	15	11,70
		60	31,30
		100	29,90
		150	30,00
		230	31,70

[33]) Nach Landolt-Börnstein, Physikalisch-chemische Tabellen. 4. Aufl., Berlin 1912, Julius Springer.

Zahlentafel 6.
Löslichkeit der Karbonate.
Die Zahlen nennen die Gramm wasserfreier Substanz in 100 g Lösung.

Bezeichnung des Stoffes	Sinnbild des Moleküls	Temperatur der Lösung ^{0} C	Löslichkeit
Kalziumkarbonat	$CaCO_3$	15	0,00131
		100	0,00200
Magnesiumkarbonat . . .	$MgCO_3$	12	0,097
Natriumkarbonat	Na_2CO_3	12	11,80
		30	29,00
		40	33,20
		105	31,08

Zahlentafel 7.
Löslichkeit der Chloride.
Die Zahlen nennen die Gramm wasserfreier Substanz in 100 g Lösung.

Bezeichnung des Stoffes	Sinnbild des Moleküls	Temperatur der Lösung ^{0} C	Löslichkeit
Kalziumchlorid	$CaCl_2$	15	41,05
		60	58,80
		100	61,40
		150	67,30
		200	75,70
Magnesiumchlorid	$MgCl_2$	15	35,10
		60	37,90
		100	42,20
		152,6	49,10
		186	56,10
Natriumchlorid	$NaCl$	15	26,34
		60	27,11
		100	28,15
		150	30,00
		215	31,59

Reinigung mit Ätznatron. Es können folgende Reaktionen auftreten:

(VII) $\qquad CO_2 + 2\,NaOH = Na_2CO_3 + H_2O$

(VIII) $\underset{\text{Bikarbonat}}{CaCO_3,\ CO_2} + 2\,NaOH = CaCO_3 + Na_2CO_3 + H_2O$

(IX) $\underset{\text{Bikarbonat}}{MgCO_3,\ CO_2} + 4\,NaOH = Mg(OH)_2 + 2\,Na_2CO_3 + H_2O$

(X) $\qquad MgCl_2 + 2\,NaOH = Mg(OH)_2 + 2\,NaCl$

(XI) $\qquad MgSO_4 + 2\,NaOH = Mg(OH)_2 + Na_2SO_4.$

Auf Kalziumsulfat, $CaSO_4$, wirkt das Natriumhydroxyd nun allerdings nicht ein, aber das bei den Reaktionen nach Gleichung (VII), (VIII) und (IX) erhaltene Natriumkarbonat verbindet sich seinerseits wieder mit dem Gips zu kohlensaurem Kalzium und schwefelsaurem Natrium, ersteres fällt aus, letzteres geht in Lösung:

$$(XII) \qquad CaSO_4 + Na_2CO_3 = CaCO_3 + Na_2SO_4.$$

Das Verfahren eignet sich somit nur für Gips enthaltendes Rohwasser, wenn auch gleichzeitig entsprechende Mengen Kalziumkarbonat bzw. Natriumkarbonat vorhanden sind, andernfalls wäre Kalziumsulfat im Destillat und eine Verkrustung der Heizflächen der Destillatoren zu erwarten. Nach der Gleichung VIII erhalten wir in der chemischen Reinigung als Bodenkörper das $CaCO_3$; das $Mg(OH)_2$ nach Formel (IX, X u. XI) bildet einen gelatinösen, schleimigen Niederschlag, der, wenn er mit in die Destillationsapparate gelangt, bei längerer Erhitzung in Magnesiumoxyd und Wasser zerfällt:

$$(XIII) \qquad Mg(OH)_2 = MgO + H_2O.$$

Im übrigen führt das dem Destillationsprozeß zu unterwerfende, gereinigte Rohwasser dann das leicht lösliche Na_2CO_3, $NaCl$ und Na_2SO_4, das, wie die Versuche Abschnitt VII lehrten, im Abscheider vollständig bzw. bis auf Spuren zurückgehalten wird; andererseits aber können auch bei richtig wirkendem Abscheider noch Spuren der unlöslichen Stoffe im Destillat anzutreffen sein, deren Anwesenheit durch die ja niemals vollständige Wirkung der chemischen Reinigung bedingt ist.

Reinigung mit Ätzkalk. Es können folgende Reaktionen auftreten:

$$(XIV) \qquad CO_2 + Ca(OH)_2 = CaCO_3 + H_2O$$
$$(XV) \quad \underbrace{CaCO_3, CO_2}_{\text{Bikarbonat}} + Ca(OH)_2 = 2\,CaCO_3 + H_2O$$
$$(XVI) \quad \underbrace{MgCO_3, CO_2}_{\text{Bikarbonat}} + 2\,Ca(OH)_2 = 2\,CaCO_3 + Mg(OH)_2 + H_2O$$
$$(XVII) \qquad MgCl_2 + Ca(OH)_2 = Mg(OH)_2 + CaCl_2.$$

Die Gleichungen lehren, daß das Kalziumhydroxyd nur zur Reinigung eines Rohwassers geeignet ist, das vorwiegend die Bikarbonate bzw. Karbonate von Kalzium und Magnesium enthält. Das Kalziumsulfat kann es naturgemäß nicht ausfällen, und deshalb ist auch dieses Verfahren zur

Aufbereitung für das solches enthaltende Rohwasser nicht empfehlenswert; man würde vielmehr ein Rohwasser von der unter Reinigung mit Ätznatron beschriebenen Eigenschaft erhalten.

Reinigung mit Soda. Es können folgende Reaktionen auftreten:

$$\text{(XVIII)} \qquad CO_2 + Na_2CO_3 = \underbrace{Na_2CO_3, CO_2}_{\text{Bikarbonat}}$$

$$\text{(XIX)} \quad \underbrace{CaCO_3, CO_2}_{\text{Bikarbonat}} + Na_2CO_3 = CaCO_3 + \underbrace{Na_2CO_3, CO_2}_{\text{Bikarbonat}}$$

$$\text{(XX)} \quad \underbrace{MgCO_3, CO_2}_{\text{Bikarbonat}} + Na_2CO_3 = MgCO_3 + \underbrace{Na_2CO_3, CO_2}_{\text{Bikarbonat}}$$

$$\text{(XXI)} \qquad CaSO_4 + Na_2CO_3 = CaCO_3 + Na_2SO_4$$

$$\text{(XXII)} \qquad MgSO_4 + Na_2CO_3 = MgCO_3 + Na_2SO_4$$

$$\text{(XXIII)} \qquad CaCl_2 + Na_2CO_3 = CaCO_3 + 2\,NaCl$$

$$\text{(XXIV)} \qquad MgCl_2 + Na_2CO_3 = MgCO_3 + 2\,NaCl.$$

Als lösliche Stoffe führen wir nach diesem Verfahren den Destillationsapparaten zu: Na_2CO_3, Na_2SO_4, $NaCl$ und endlich das schwach lösliche $MgCO_3$ (siehe Zahlentafel 6). Als Sediment wird erhalten: $CaCO_3$. Auf Grund der Löslichkeit von Magnesiumkarbonat ist das Sulfat und Chlorid von Magnesium durch Natriumkarbonat nicht ganz fällbar, ein Nachteil dieses Verfahrens.

Reinigung mit Ätzkalk und Soda. Es können folgende Reaktionen auftreten:

$$\text{(XXV)} \qquad CO_2 + Ca(OH)_2 = CaCO_3 + H_2O$$

$$\text{(XXVI)} \quad \underbrace{CaCO_3, CO_2}_{\text{Bikarbonat}} + Ca(OH)_2 = 2\,CaCO_3 + H_2O$$

$$\text{(XXVII)} \quad \underbrace{MgCO_3, CO_2}_{\text{Bikarbonat}} + 2\,Ca(OH)_2 = 2\,CaCO_3 + Mg(OH)_2 + H_2O$$

$$\text{(XXVIII)} \qquad CaSO_4 + Na_2CO_3 = CaCO_3 + Na_2SO_4$$

$$\text{(XXIX)} \qquad MgSO_4 + Na_2CO_3 = MgCO_3 + Na_2SO_4$$

$$\text{(XXX)} \qquad CaCl_2 + Na_2CO_3 = CaCO_3 + 2\,NaCl$$

$$\text{(XXXI)} \qquad MgCl_2 + Na_2CO_3 = MgCO_3 + 2\,NaCl$$

und endlich aus Gleichungen (XXIX) und (XXXI) folgt:

$$\text{(XXXII)} \qquad MgCO_3 + Ca(OH)_2 = Mg(OH)_2 + CaCO_3.$$

Dieses Verfahren erscheint demnach als das zur Aufbereitung von Rohwasser für Destillationszwecke geeignetste. Wir führen dem Rohwasser ausschließlich leicht lösliche Salze zu, nämlich das Na_2SO_4 und das $NaCl$, als praktisch unlösliche bzw. als Bodenkörper erhält man: $CaCO_3$ und

$Mg(OH)_2$. Die bei den übrigen Verfahren erwähnten Nachteile sind hier nicht zu beobachten. Andererseits erkennen wir aus diesen Betrachtungen, daß die Beschaffenheit des Rohwassers wesentlichen Einfluß auf die Zusammensetzung des zu gewinnenden Destillates auszuüben vermag. Es ist deshalb immer erforderlich, sich über die Eigenschaften eines Rohwassers zuvor in jeder Hinsicht zu unterrichten. Dann wird es durch die zur Verfügung stehenden konstruktiven, apparativen und auch chemischen Hilfsmittel gelingen, selbst aus dem schlechtesten Rohwasser bei nur einmaliger Destillation ein chemisch reines Wasser mit Annäherung zu gewinnen. Zu beachten bleibt ferner, daß die Anbringung von Abschäumeinrichtungen im Innern der Destillierverdampfer für die Beseitigung spezifisch leichter organischer Stoffe vorzügliche Dienste leisten kann.

Endlich veranschaulichen die Abb. 83—85 noch einige Ausführungsformen richtig gebauter, gegossener Fliehkraftabscheider, die, nach den aufgestellten Grundsätzen entworfen, vom Verfasser mit Erfolg für Vakuumverdampfapparate mit annähernd konstanter Dampfentwicklung angewandt wurden. Die Zahlentafel 8 enthält ihre Hauptabmessungen für Anschlußweiten von 50—300 mm.

Zahlentafel 8.

Bewährte Abmessungen in Millimetern für die gußeisernen Schaumabscheider nach Abb. 83 bis 86.

Bezeichnung der Maße	Lichte Anschlußweiten D der Abscheider in Millimeter																	
	50	60	70	80	90	100	110	120	125	130	140	150	175	200	225	250	275	300
A	100	110	120	130	140	150	160	170	175	180	190	200	225	250	275	300	325	350
B	200	220	240	260	280	300	320	340	350	360	380	400	450	500	550	600	650	700
C	125	160	160	190	190	210	210	250	250	250	300	300	350	400	450	500	550	600
d	40	45	50	55	60	70	80	90	100	110	120	130	140	150	160	170	180	200
E	300	350	350	400	400	475	475	550	550	550	600	600	700	800	850	950	1050	1150

Der Abscheider Abb. 83 (rechtsseitig) eignet sich zum Einbau in den Brüdenraum von Verdampfapparaten, Abb. 83 (linksseitig) zur Anordnung in horizontaler Brüdenrohrleitung. Zu bemerken ist bei diesen beiden Abscheidern die Lage der den Richtungswechsel bewirkenden Wand s, die dicht vor dem Eintrittsstutzen angeordnet ist, um dem eintretenden Dampfflüssigkeitsgemisch vor dem Richtungs-

wechsel die erforderliche Beschleunigung zur Hervorbringung
der Fliehkraft zu erteilen; zu diesem Zweck der enge Hohlraum r. Mit einsetzendem Richtungswechsel um die Wand s
tritt der Dampf in den bedeutend weiteren Raum R; er
nimmt dadurch wesentlich geringere Geschwindigkeit an
und besitzt so nur die Kraft, die Flüssigkeitsteilchen un-
merklich aus ihrer ener-
gisch angestrebten Bahn
nach dem Abflußstutzen d
abzulenken. Die sich an
der Innenwand des Ge-
häuses niederschlagenden
Flüssigkeitsteile hindert
der rohrförmige Ansatz t
daran, in den Brüden-
dampfstutzen mitgerissen
zu werden.

Der Abscheider Abb. 84
eignet sich zur Verwen-
dung in Brüdenrohren an
der Übergangsstelle von
horizontaler zu vertikal
abfallender Leitung. Be-
züglich seiner konstruk-
tiven Durchbildung wäre
dasselbe zu sagen wie von
den Abscheidern Abb. 83.
Abb. 85 stellt einen in senk-

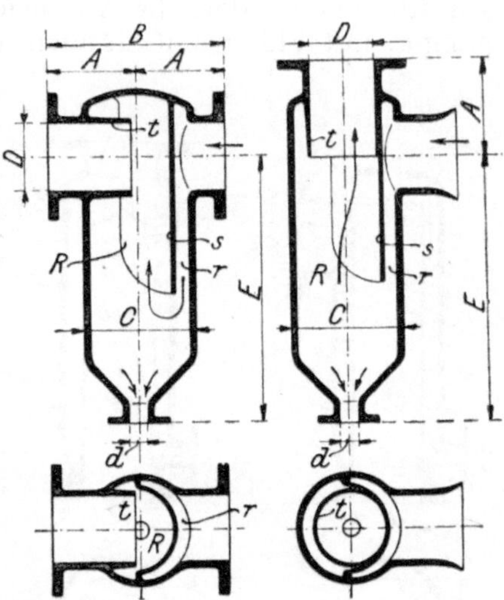

Abb. 83. Richtig gebaute (gegossene)
Schleuderkraftabscheider (zu der
Zahlentafel 8).

rechter Brüdenrohrleitung verwendbaren Abscheider dar. Der
Eintritt des Dampfflüssigkeitsgemisches erfolgt von oben;
es trifft auf die Glocke g. Der Rand der Glocke, r, läßt nur
einen geringen freien Querschnitt zwischen Glocke g und
Gehäuse G, weshalb das Gemisch diese Stelle mit erheblicher Geschwindigkeit durcheilen muß (Beschleunigung vor
dem Richtungswechsel). Die Flüssigkeit gelangt vermöge
der ihr erteilten lebendigen Kraft auf kürzestem Wege nach
dem Abflußstutzen d, während der Brüdendampf, dem die
Flüssigkeit trotz geringen Richtungswechsels nicht mehr zu
folgen vermag, durch den zwischen a und b frei gelassenen
Spalt entweicht.

Für besondere Fälle (Verdampfung unter Überdruck usw.)
empfiehlt sich eine entsprechende Erweiterung der Gehäuse;
es ist aber darauf zu achten, daß dieselbe dann nur dem

Raum R (Abb. 83) zugute kommt, der Raum r muß stets nach Maßgabe der beabsichtigten Eintrittsgeschwindigkeit des Gemisches bemessen werden. Wenn so verfahren wird, ist ein Versagen der Abscheider ausgeschlossen. Im gleichen Sinne muß eine Erweiterung des Gehäuses G (Abb. 85) auch eine Vergrößerung des Durchmessers von r zur Folge haben. Im übrigen werden die Abscheider Abb. 83—85, wenn angängig, mit Flüssigkeitsständen auszurüsten sein.

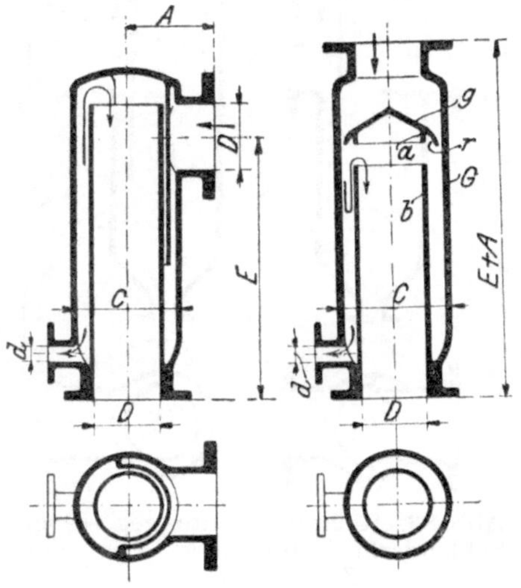

Einen Fliehkraft-Schaumabscheider für variable Dampfmengen führt zum Schluß noch Abb. 86 vor; derselbe ist im Brüdenraum eines Verdampfers eingebaut dargestellt. Der die Fliehkraft erzeugende Teller a wird durch die Feder b auf c elastisch niedergehalten. Die durch c aufsteigenden Schaummassen heben a ihrem Volumen entsprechend an. Das Gemisch wird mit erheblicher Beschleunigung in den Raum R geschleudert, wo die Dampfgeschwindigkeit infolge des weiten Apparatquerschnittes so gering wird,

Abb. 84.   Abb. 85.

Richtig gebaute, gegossene Schleuderkraftabscheider (zu der Zahlentafel 8).

daß die kinetische Energie des Dampfes so gut wie unwirksam wird und durch die stark überwiegende Fliehkraft eine vollständige Trennung von Dampf und Flüssigkeit erfolgt. Ein Überreißen von Schaummassen ist ausgeschlossen, auch bei schwankender Dampfentwicklung, weil sich der Teller a nach der Dampfmenge selbsttätig einstellt und so stets die erforderliche Beschleunigung vor dem Richtungswechsel verursacht. Die sich auf d ansammelnde Flüssigkeit fließt infolge des Gefälles sofort durch das weite Rücklaufrohr e ab und gelangt in den Flüssigkeitsraum des Verdampfers zurück. Ein Mitreißen von an den Wänden sich ansammelnder Niederschlagsflüssigkeit verhindert der Rohrstutzen h. Durch die

Schaugläser f, f kann eine Beobachtung der inneren Vorgänge erfolgen. Der Abscheiderraum R selbst ist durch das Mannloch i befahrbar. Von besonderer Bedeutung ist noch der Druckmesser g, nach welchem die Einstellung des Ab-

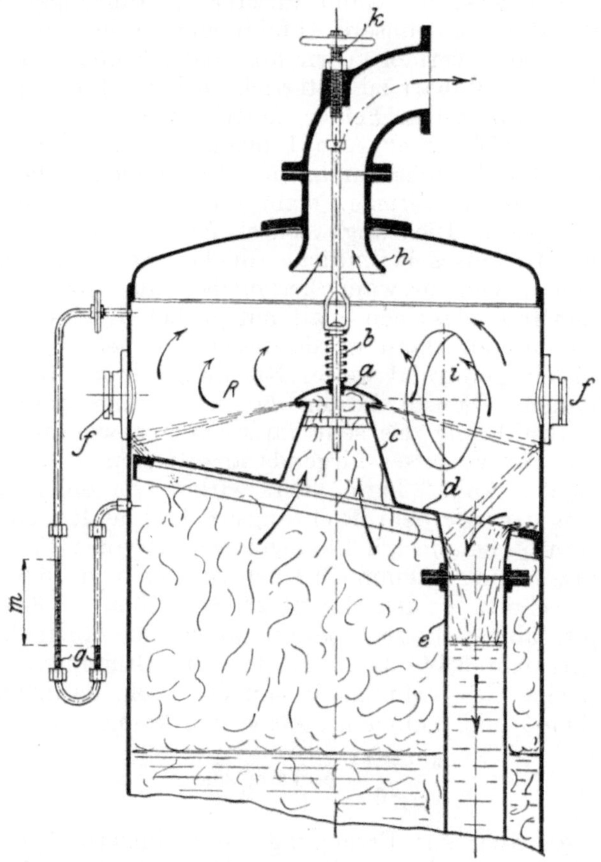

Abb. 86. Schaumabscheider mit selbsttätiger Einstellung für variable Brüdendampfmengen. Federbelastung durch Spindel von außen regelbar.

scheiders vorgenommen werden soll. Die Feder b ist durch die Spindel k nur so zu spannen, daß man mit einem Minimum von Druckverlust bei vollständiger Schaumzerstörung auskommt. Die mit Wasser gefüllten Glasröhren g des Druckmessers zeigen den durch die Arbeit des Schaumabscheidens

verursachten Druckabfall in Meterwassersäule (m) an. Ein
solcher Druckmesser ist unentbehrlich zur Betriebskontrolle
und zur Beurteilung des Wertes eines jeden Schaumabscheiders; er sollte an keinem Apparat fehlen.

Wenn wir jetzt an Hand unserer Ausführungen einen
kurzen Rückblick auf unsere Abbildungen in den ersten Abschnitten richten, vermögen wir uns sogleich über den Wert
dieser oder jener Bauart zu unterrichten bzw. ihre konstruktiven oder prinzipiellen Fehler zu erkennen.

Der Übersteiger nach Abb. 1 macht seinem Namen alle
Ehre; er läßt alle Schaummassen „übersteigen‟, da er sie
nicht zu zerstören vermag, denn die Beschleunigung der
Massen vor dem Richtungswechsel fehlt. Würde die im
Innern des Gehäuses befindliche Glocke (wie r in Abb. 85)
so nahe an die Gehäusewand herangehen, daß die Schaummassen den frei gelassenen Spalt mit großer Geschwindigkeit
durcheilen müßten, dann würde dieser Abscheider, wenn er
auch noch ein genügend weites Rücklaufrohr besäße, sofort
ausgezeichnete Dienste leisten können. Eine derart be-
richtigte Ausführung des sehr zahlreich angewandten Prinzips vermochte Verfasser nirgends anzutreffen.

Abscheider Abb. 2 kann nicht wirken, da ebenfalls die
Beschleunigung vor dem Richtungswechsel fehlt. Glocke c
(mit 550 mm $\varnothing$) hat einen lichten Querschnitt von 23,76 qdcm,
der Ansatz b (mit 450 mm $\varnothing$) einen solchen von 15,9 qdcm,
freier Querschnitt für den Dampf 23,76 — 15,9 = 7,86 qdcm.
Der Brüdenabzugsstutzen besitzt aber nur einen lichten
Querschnitt von 3,14 qdcm. Hätten die Brüdendämpfe in
letzterem eine Geschwindigkeit von 30 m/sek, dann würden
sie zwischen b und c nur eine solche von kaum

$$\frac{30 \cdot 3,14}{7,86} = 12 \ \text{m/sek}$$

besitzen, die aber zur Erzeugung einer einigermaßen wirksamen Fliehkraft viel zu gering ist. Dann steht der Brüdenstutzen a dem Rückflußrohr d diametral gegenüber, wirkt
also saugend auf d; und schließlich ist der von der Glocke c
gebildete Hohlraum in Verbindung mit dem engen Rückflußrohr d zur Aufnahme selbst geringer Flüssigkeitsmassen
ungenügend. Ebenso steht es mit dem Abscheider Abb. 3, der
übrigens nicht einmal ein Rückflußrohr besitzt; ferner Abscheider Abb. 24 usw. usw.

Der große Abscheider Abb. 15 ist unwirksam, der kleine

nach Abb. 17 jedoch wirksam. Der Abscheider Abb. 15 würde den Anforderungen sofort entsprechen, wenn die den Richtungswechsel hervorbringende Wand nicht in der Mitte des Abscheidergehäuses säße, sondern einseitig versetzt angebracht werden würde, so daß sie sich dicht vor dem Brüdenstutzen befindet; sie dient dann nicht nur dem Richtungswechsel, sondern auch der Hervorbringung der Fliehkraft und der Verminderung der Dampfgeschwindigkeit nach erfolgtem Richtungswechsel (siehe Abb. 17 und 83).

Dem Abscheider Abb. 11 fehlt ebenfalls die Fliehkraft. Der zweimalige Richtungswechsel ohne sie ist zwecklos, denn die Schaummassen umklettern einfach die Richtungswechselbleche; auch das Rückflußrohr ist zu eng, die Flüssigkeit staut sich im Abscheider an und wird vom Dampf wieder zu neuen Schaummassen aufgepeitscht. Das gleiche gilt beispielsweise auch für den auf dem Verdampfer angeordneten Abscheider Abb. 12, ebenso für denjenigen nach Abb. 14, sowie Abb. 32 (linksseitig) usw. usw.; alle diese Abbildungen verraten eine vollständige Verkennung des Wirkungsprinzipes.

Die Abscheider mit Siebeinlagen (Abb. 42 und 49) sind ebenfalls ohne praktischen Wert, weil sie die zuströmenden Schaummassen einfach hindurchtreten lassen. Eine interessante, aber gleichfalls wertlose Spielart eines Abscheiders stellt zum Beispiel Abb. 66 dar.

Von praktischer Bedeutung bleiben einzig und allein die Apparate nach Abb. 46, 47 (letzteren fehlt wieder die äußere Regelbarkeit, die unentbehrlich ist), 58 und 61. Die Abb. 46 verkörpert den von Hand verstellbaren Fliehkraftabscheider, dessen Mangel darin besteht, daß er sich nicht selbsttätig nach der Brüdendampfmenge einstellt, Abb. 47 den Fliehkraftabscheider mit mehreren federbelasteten Glocken (Ventilen), (die praktische Ausführungsform siehe Chem. Apparatur 2, 91 [1915] Abb. 5), welchem zum Nachteil gereicht, daß es schwierig ist, alle Glocken für gleiche Federbelastung einzustellen, weil sie während des Betriebes nicht zugänglich sind. Volle Ausnutzung der Fliehkraft gewährt ferner der Abscheider Abb. 58, der dem zwischen a und k hindurchtretenden Dampfflüssigkeitsgemisch erhebliche Beschleunigung erteilt; ebenso der Abscheider nach Abb. 61, dessen Wert durch richtige Bemessung der Austrittsdüse h, i, k, l zum Ausdruck zu bringen ist.

Nachdem wir so unendlich viel Spreu und so wenig brauchbares Korn gefunden haben, gewinnen wir erst einen Überblick, welche Unsummen für Versuche und Patente in Unkenntnis der tatsächlichen Verhältnisse und mangels wissenschaftlicher Grundlagen auf diesem Gebiet im Laufe der Jahre vergeudet sein mögen, ganz abgesehen von den gewiß ebenso beträchtlichen Verlusten an wertvollen Stoffen durch Überreißen, und wir verstehen den Zweifel der großen Fachwelt an der Möglichkeit, die Wirkung der Abscheideeinrichtungen effektiv zu gestalten, der sie gewiß von deren Anwendung oft zurückgehalten hat.

Es wäre sehr zu wünschen, daß die Schaumabscheider mehr als zuvor Gegenstand empirischer und theoretischer Forschung bilden, und daß diese Abhandlung vom didaktischen Gesichtspunkte zur Beseitigung des — sprechen wir es offen aus — allgemeinen Mißtrauens gegen die Schaumabscheider beiträgt, und daß dann dem Betriebsleiter (ob Chemiker oder Ingenieur) in Zukunft nicht mehr der bleiche Schrecken in die Glieder fährt, wenn das Thema „Das Überreißen der Massen siedender Flüssigkeiten in Verdampfapparaten" zur Sprache kommt und er sich daran erinnert, wie manche kostbare Verdampferfüllung unter seiner — allerdings unverlangbaren — Verantwortung durch eine Unachtsamkeit des bedienenden Arbeiters oder im unbewachten Augenblick durch das Brüdenrohr in Gestalt von Schaum hinausgejagt worden ist und unwiederbringlich verloren war. Den Konstrukteuren mag sie Veranlassung werden, in Zukunft mehr als seither der Einheitlichkeit der Abmessungen von Verdampfapparaten im Sinne der Vermeidung unnötig gesteigerter Ausmaße und Verschwendung von Baustoffen sowie den chemisch-physikalischen Disziplinen Aufmerksamkeit zu schenken. Sie alle werden dann fortan den Schaumabscheider als einen von Verdampf-, Destillier- und Rektifizierapparaten unzertrennlichen Bauteil betrachten und sich seiner in richtiger Erkenntnis der ihm zugrunde liegenden Theorie zum eignen Vorteil zu bedienen verstehen.